RECHERCHES

SUR

LA PRODUCTION DE LA SOIE

en France.

Imprimerie de madame veuve Bouchard-Huzard, rue de l'Éperon, 7.

RECHERCHES

SUR

LA PRODUCTION DE LA SOIE EN FRANCE;

PAR ROBINET,

professeur du cours sur l'industrie de la soie.

TROISIÈME MÉMOIRE.

DES RACES.

PARIS,

LIBRAIRIE DE Mme Ve BOUCHARD-HUZARD,

LIBRAIRE DE LA SOCIÉTÉ,

rue de l'Éperon-Saint-André, 7.

1845

SOCIÉTÉ ROYALE ET CENTRALE D'AGRICULTURE.

RECHERCHES

SUR

LA PRODUCTION DE LA SOIE EN FRANCE ;

PAR ROBINET,

professeur du cours sur l'industrie de la soie.

Troisième mémoire.

DES RACES.

Après avoir étudié, dans mes deux premiers mémoires, la question économique et les propriétés générales de la soie, je suis nécessairement conduit à déterminer les circonstances qui influent favorablement sur la production de la soie et sur les qualités qu'on recherche dans ce fil précieux.

Il est naturel de penser que les races peuvent jouer un grand rôle dans l'un et l'autre cas ; aussi, depuis plusieurs années, je me suis appliqué à les étudier : c'est le résultat de mes observations et de mes expériences sur cet objet que je publie aujourd'hui.

RACES.	ANNÉES.	POIDS des vers	POIDS des cocons.	RÉDUCTION.
		gramm	gramm.	pour cent
Trois mues blancs.	1843	4,50	1,90	57,80
Loriol	1840	4,48	2,13	52,50
Aubenas	1841	4,46	1,96	57,00
Camuzzini	1844	4,43	»	»
Aubenas	1840	4,40	1,92	56,40
Turin	1840	4,40	1,82	58,70
Milanais	1844	4,37	»	»
Sina	1842	4,36	1,79	58,80
Lamastre	1840	4,34	2,06	52,60
Brianza	1842	4,33	1,33	69,30
Giali	1844	4,26	1,80	57,80
Camuzzini	1842	4,20	1,74	58,60
Bianchi	1841	4,20	1,87	55,50
Giali	1840	4,16	1,94	53,40
Nanchini	1840	4,16	1,99	52,20
Syriens	1841	4,16	1,97	52,70
Giali	1841	4,06	1,97	51,50
Fossombrone jaune	1840	4,06	1,90	52,50
Fossombrone blanc	1840	4,00	1,85	53,80
Sina	1841	4,00	1,87	53,30
Milanais	1842	3,93	1,64	58,30
Joyeuse	1840	3,82	1,93	50,00
Turin	1841	3,80	1,80	53,40
Sina jaune	1840	3,66	1,56	57,40
Sina vert	1843	3,66	»	»
Trois mues blancs.	1841	3,63	1,43	60,70
Espagnolet de Tours	1840	3,42	1,78	48,00
Idem	1840	»	1,85	46,00
Sina	1840	3,34	1,47	56,00
Tigrés	1844	3,20	»	»
Trois mues blancs.	1840	3,20	»	»
Tigrés	1842	3,10	1,46	53,00
Trois mues jaunes	1840	3,00	1,42	52,70
Mongoli	1843	3,00	»	»
Trois mues jaunes	1841	2,87	1,23	57,20
Tigrés	1843	2,56	»	»
Moyenne		4,47	1,87	58,20

A l'inspection de ce tableau, nous remarquons d'abord que

les poids des vers diffèrent beaucoup dans les diverses races, puisque dans quelques-unes les vers atteignent un développement presque double. L'expérience nous a appris que ces différences étaient en général persistantes. Elles ont ce caractère quand la race est bien déterminée ; il en est autrement si la *prétendue race* n'est qu'une dégénérescence momentanée, car alors, sous l'influence d'un bon régime, les caractères accidentels disparaissent.

C'est ainsi que les races jaune-d'or et vert-d'eau ont entièrement disparu de nos ateliers, bien que nous ayons pris soin de recueillir les œufs des cocons ayant ces couleurs distinctives.

Des races qui nous sont arrivées très-petites ont aussi acquis en deux ou trois ans un volume qui a permis de les confondre avec d'autres races, dont elles ne différaient que par le volume. Je traiterai ailleurs ce sujet avec plus de détails.

On voit au tableau que le *poids moyen* des vers les plus développés a été de 6 grammes 66 ; les vers les plus petits ont pesé 2 grammes 56. En 1843, nous avons obtenu des vers du poids de 7 grammes 70 ; mais ces vers étaient exceptionnels.

§ 2.

INFLUENCE DU POIDS DES VERS SUR LE POIDS DES COCONS.

Si nous prenons le poids moyen des races du tableau, nous voyons qu'il est pour les vers de 4 grammes 47, et pour les cocons de 1 gramme 87, d'où nous conclurons que les vers perdent en moyenne 58,2 pour 100 de leur poids, pendant la formation du cocon et de la chrysalide.

Mais il s'en faut de beaucoup que cette moyenne représente la perte éprouvée par chaque race en particulier ; nous trouvons, au contraire, des différences considérables et bien dignes de fixer notre attention : c'est ainsi que la race espagnolet de Touraine n'a perdu que 47 pour 100, et la race de Saint Jean 48, pendant la métamorphose ; tandis que la race de la Brianza a perdu 69 pour 100, et celle de Vigevano 63.

La conclusion de ce fait intéressant, tout nouveau dans l'histoire de l'industrie sérigène, se présente d'elle-même(1). Supposons deux éducateurs : l'un a élevé la race de Touraine; il a une quantité de vers à soie mûrs du poids de 100 kilogrammes ; les vers, au bout de six à sept jours, lui donnent 53 kilogrammes de cocons bons à livrer au filateur.

L'autre éducateur a élevé la race de la Brianza ; il a aussi 100 kilogrammes de vers à soie ; sept jours après, il recueille les cocons, il en trouve seulement 31 kilogrammes ! Différence, 22 kilogrammes en faveur de la race de Touraine.

Le fait que je viens de signaler ne saurait être révoqué en doute. On voit, par le tableau, combien sont variables les réductions éprouvées par les vers à soie pendant la formation du cocon. Pour la race de Touraine, en particulier, en recourant à nos précédents travaux je trouve que cette même race, élevée expérimentalement dans la *magnanerie sèche* (2), n'a perdu que 43,6 pour 100 pendant la fabrication du cocon.

Je ne saurais trop m'arrêter sur un résultat aussi intéressant ; je vais m'efforcer de l'étudier sous tous les rapports.

---

(1) Dandolo avait bien déterminé la différence de poids entre le ver et le cocon, mais il n'avait point fait à diverses races l'application de cette donnée.

(2) Voir la notice sur les éducations de 1840.

§ 3.

DE LA RÉDUCTION MOYENNE ÉPROUVÉE PAR LES RACES PENDANT LA FORMATION DES COCONS.

Commençons par nous fixer sur la réduction moyenne éprouvée par les différentes races élevées dans la magnanerie de Poitiers pendant les années 1840, 1841, 1842, 1843 et 1844.

Ces réductions sont présentées dans le tableau n° 2; on voit qu'elles varient de 47 à 69 pour 100. J'ai déjà fait ressortir toute l'importance pratique d'un pareil fait.

Les autres colonnes du tableau nous serviront dans les chapitres suivants.

QUALITÉS MOYENNES DES RACES.

TABLEAU N° 2.

RACES.	POIDS DES VERS.	POIDS DES COCONS.	REDUCTION, pour cent.	SOIE, pour cent.	NOMBRE des COCONS AU KIL
Espagnolet de Tours	3,42	1,81	47,10	14,00	549
Saint-Jean	4,90	2,55	48,00	15,00	392
Joyeuse.	3,82	1,93	50,00	15,00	516
Nanchini..	4,16	1,99	52,20	15,00	502
Loriol.	4,48	2,13	52,50	14,00	468
Lamastre.	4,34	2,06	52,60	15,00	486
Tigrés.	3,10	1,46	53,00	13,00	682
Loudun.	5,12	2,39	53,40	18,00	454
Dandolo.	5,67	2,55	53,40	15,00	392
Fossombrone blanc	4,00	1,85	53,80	15,00	540
Sina jaune.	4,70	2,15	54,30	15,80	464
Pesaro..	5,43	2,46	54,53	15,30	405
Trevoltini.	4,60	2,08	54,80	»	480
Trois mues jaunes. .	2,93	1,32	54,95	12,80	760
Giali..	4,35	1,94	55,36	14,00	514
Camuzzini.	4,42	1,87	55,45	14,00	513
Bianchi.	4,20	1,87	55,50	13,00	533
Turin.	4,13	1,81	56,05	15,00	567
Fossombrone jaune	4,45	1,95	56,20	13,75	510
Sina.	4,14	1,77	56,95	13,00	556
Milanais.	4,28	2,06	56,95	14,00	547
Cora..	5,63	2,10	57,40	18,00	460
Annonay jaune.. . .	3,66	1,56	57,40	15,00	640
Aubenas.	4,79	2,00	57,46	14,66	496
Syriens.	4,63	1,93	57,75	15,00	511
Pastellini.	5,00	2,11	57,80	»	472
Trois mues blancs .	4,06	1,66	59,25	13,00	602
Vigevano.	5,41	2,06	61,95	13,50	484
Brianza.	4,33	1,33	69,30	13,20	750
Jaune de soufre. . .	»	1,48		11,00	672
Mongoli.	3,00				
Sina vert..	3,66				

Il convient maintenant de nous assurer si l'avantage

qui paraît résulter du tableau, pour certaines races, est un avantage permanent, qui se montre d'année en année et comparativement à d'autres races élevées dans les mêmes circonstances.

Nous avons cinq races qui ont été élevées pendant trois ans dans les mêmes conditions ; présentons-les dans l'ordre de la moindre réduction éprouvée par la transformation des vers en cocons.

TABLEAU des réductions éprouvées par cinq races élevées pendant trois ans.

TABLEAU N° 3.

ANNÉE.	RACES.	POIDS du ver.	POIDS du cocon	RÉDUCTION pour cent.
1840.	Dandolo. .	5,58	2,85	48,00
	Pesaro. . .	5,30	2,50	53,00
	Giali. . . .	4,16	1,94	53,40
	Sina. . . .	3,34	1,47	56,00
	Aubenas. .	4,40	1,92	56,40
	Moyennes.	4,54	2,14	53,30
1841.	Giali. . .	4,06	1,97	51,50
	Sina.. . .	4,00	1,87	53,30
	Pesaro. .	5,06	2,32	54,20
	Dandolo. .	5.00	2,26	54,80
	Aubenas. .	4,46	1,96	57,00
	Moyennes.	4.51	2,07	54,16
1842.	Pesaro. .	5,93	2,58	56,50
	Giali. . .	4,70	2,00	57,50
	Dandolo. .	5,90	2,47	58,00
	Sina . .	4,36	1,79	58,80
	Aubenas. .	5,20	2,14	59,00
	Moyennes.	5,21	2,19	57,96

Ce tableau paraît bien prouver que les races ont conservé d'année en année leurs propriétés relatives; mais ce résultat ne sera plus douteux si nous voyons dans quel ordre se présentent les cinq races comparées dans leur réduction moyenne.

TABLEAU des réductions moyennes des cinq races.

TABLEAU N° 4.

RACES.	POIDS DES VERS.	POIDS DES COCONS	RÉDUCTION, pour cent.
Pesaro	5,43	2,46	54,53
Giali.	4,35	1,94	55,36
Dandolo	5,67	2,55	55,42
Sina.	4,14	1,77	56,95
Aubenas.	4,79	2,00	57,46

On voit que les cinq races se retrouvent ici précisément dans le même ordre qu'en 1842, et à peu de chose près dans le même ordre que dans les deux autres années.

Dans des comparaisons de ce genre, lorsqu'il s'agit de mettre en rapport des objets qui n'ont rien d'absolu, il faut tenir compte des anomalies inévitables.

Enfin, si nous recherchons l'ordre des cinq races par les rangs qu'elles ont occupés dans les trois années, nous trouvons ce qui suit :

Pesaro a été 2, 3 et 1; soit = 6.
Giali a été 3, 1 et 2; soit = 6.
Dandolo a été 1, 4 et 3; soit = 8.
Sina a été 4, 2 et 4; soit = 10.
Aubenas a été 5, 5 et 5; soit = 15.

On voit que cet ordre est le même que celui donné par les moyennes ; il en résulte évidemment que la race d'Aubenas est inférieure aux quatre autres, quant au poids des cocons que peut fournir un poids égal de vers, et que la race de Pesaro ou les giali ont, au contraire, un avantage marqué sur le sina et l'aubenas.

Dans le tableau n° 3, nous avons vu que ces cinq races n'avaient pas éprouvé la même réduction dans les trois années pendant lesquelles elles ont été élevées comparativement. A quoi tient cette différence ? c'est ce que nous allons rechercher dans le paragraphe suivant.

§ 4.

DE L'INFLUENCE DE L'ANNÉE SUR LES RÉDUCTIONS ÉPROUVÉES PAR LES VERS (1).

Commençons par présenter dans un tableau les résultats de chacune des années pendant lesquelles on a recueilli des observations.

---

(1) On voudra bien ne pas oublier que ces recherches sont destinées aux producteurs. Pour eux, il y a de bonnes et de mauvaises années. C'est dans ce sens général que j'emploie cette expression : *Influence de l'année*. Puis je m'efforce de préciser les circonstances particulières qui ont distingué les années entre elles.

TABLEAU N° 5.

1840.

RACES.	POIDS DES VERS.	POIDS DES COCONS.	RÉDUCTION, pour cent.
Turin	4,40	1,82	58,7
Annonay	3,66	1,56	57,4
Loudun Calod	5,74	2,45	57,4
Aubenas	4,40	1,92	56,4
Sina	3,34	1,47	56,0
Trevoltini	4,60	2,08	54,8
Fossombrone blanc	4,00	1,85	53,8
Giali	4,16	1,94	53,4
Pesaro	5,30	2,50	53,0
Trois mues jaunes	3,00	1,42	52,7
Lamastre	4,34	2,06	52,6
Fossombrone jaune	4,06	1,90	52,5
Loriol	4,48	2,13	52,5
Nanchino	4,16	1,99	52,2
Joyeuse	3,82	1,93	50,0
Saint-Jean	4,90	2,55	48,0
Loudun P.	4,50	2,34	48,0
Dandolo	5,50	2,90	47,2
Espagnolet de Tours	3,42	1,78	46,0
Moyennes	4,30	2,03	52,7

1841.

RACES.	POIDS DES VERS.	POIDS DES COCONS.	RÉDUCTION, pour cent.
Vigevano	5,33	2,09	60,8
Trois mues blancs	3,63	1,43	60,7
Trois mues jaunes	2,87	1,23	57,2
Aubenas	4,40	1,96	57,0
Bianchi	4,20	1,87	55,5
Dandolo	5,00	2,26	54,8
Pesaro	5,06	2,32	54,2
Turin	3,86	1,80	53,4
Sina	4,00	1,87	53,3

RACES.	POIDS DES VERS.	POIDS DES COCONS.	RÉDUCTION, pour cent.
Syriens.	4,16	1,97	52,7
Giali.	4,06	1,97	51,5
Cora.	4,66	2,10	55,0
Moyennes. . .	4,24	1,90	55,5
1842.			
Brianza.	4,33	1,33	69,3
Vigevano	5,50	2,03	63,1
Syriens.	5,10	1,90	62,8
Aubenas.	5,14	2,14	59,8
Aubenas	5,20	2,14	59,0
Sina.	4,36	1,79	58,8
Camuzzini	4,20	1,74	58,6
Milanais.	3,93	1,64	58,3
Dandolo.	5,90	2,58	58,0
Giali	4,70	2,00	57,5
Pesaro.	5,93	2,47	56,5
Tigrés.	3,10	1,46	53,0
Giali.	4,70	2,00	51,6
Moyennes. . .	4,77	1,94	58,8
1843.			
Dandolo.	6,60	2,59	60,9
Sina.	4,83	1,95	59,7
Trois mues blancs	4,50	1,90	57,8
Pastellini.	5,00	2,11	57,8
Giali.	4,60	2,00	56,6
Milanais.	4,63	2,06	55,6
Sina jaune.	4,70	2,15	54,3
Camuzzini.	4,63	2,21	52,3

RACES.	POIDS DES VERS.	POIDS DES COCONS.	RÉDUCTION, pour cent.
Pesaro.	6,66		
Aubenas.	5,10		
Sina vert.	3,66		
Tigrés	2,56		
Moyennes. .	4,93	2,12	56,8
1844.			
Giali.	4,26	1,80	57,8
Cora.	5,63	2,40	57,4
Camuzzini..	4,43		
Dandolo..	5,36		
Vigevano.	4,90		
Tigrés..	3,20		
Milanais..	4,37		
Moyennes. . .	4,94	2,10	57,6
Résultats généraux.			
1840.	4,30	2,03	52,7
1841.	4,24	1,90	55,5
1842.	4,77	1,94	58,8
1843.	4,93	2,12	56,8
1844.	4,94	2,10	57,6

En résumant ces tableaux, nous trouvons que les réductions moyennes éprouvées par les vers n'ont pas été les mêmes dans chacune des années. Voici la comparaison de ces réductions :

1840. .	52,7
1841. .	55,5
1842. .	58,8
1843. .	56,8
1844. .	57,6

On voit qu'à partir de 1842 les pertes moyennes ont éprouvé une augmentation sensible. Cette augmentation s'explique facilement ; c'est en 1842 qu'on a commencé à Poitiers l'usage de la feuille mouillée, il n'est pas étonnant que les vers soumis à ce régime aient éprouvé une perte plus considérable que ceux qui n'avaient consommé que de la feuille sèche.

Si nous recherchons maintenant la cause des différences qui existent entre les années dans lesquelles un même régime a été observé, nous trouvons des circonstances qui les expliquent parfaitement.

La réduction a été de 52,7 en 1840 et de 55,5 en 1841, années pendant lesquelles les vers ont consommé de la feuille sèche.

Les observations météorologiques, que nous avons recueillies avec soin, vont nous donner l'explication de ces différences : en 1840, pendant les trente jours de l'éducation, les mûriers et les vers ont eu à supporter 621 degrés de chaleur.

En 1841, la somme des degrés de chaleur dans la même période n'a été que de 385 degrés ; il est évident qu'en 1840 la feuille a dû être beaucoup moins aqueuse qu'en 1841 : les vers ont beaucoup plus transpiré pendant leur existence à l'état de larve, et, par conséquent, ils ont dû perdre sensiblement moins au moment de la formation des cocons.

Si nous nous reportons aux années 1842, 1843 et 1844, pendant lesquelles l'alimentation a eu lieu avec de la feuille mouillée, nous trouvons encore une explication toute naturelle des différences qu'ont présentées ces trois années.

Du 20 mai au 18 juin, 1842 a eu, pour trente jours, 545°; perte, 58,8.
Du 1er juin au 6 juillet, 1843 — 471°; perte, 56,8.
Du 10 mai au 11 juin, 1844 — 415°; perte, 57,6.

Il semblerait donc que 1842 aurait dû moins perdre que les deux années qui l'ont suivi; mais il est important de tenir compte de l'époque à laquelle l'éducation a été commencée et finie.

En 1842, elle a duré 30 jours, du 20 mai au 18 juin; la chaleur est devenue très-considérable au moment de la montée; celle-ci a commencé le 13 juin, et la température s'élevait alors jusqu'à 27 degrés dans le jour; elle se maintenait, le soir, à 18 ou 20 degrés; elle a continué ainsi, avec une sécheresse excessive, jusqu'au jour où les cocons ont été récoltés et pesés; il n'est donc pas étonnant qu'ils aient présenté, sur le poids des vers, une perte considérable.

En 1843, l'éducation n'a commencé que le 1er juin, elle a été terminée le 6 juillet. On conçoit que ce retard ait eu une influence considérable sur la feuille et subséquemment sur les vers; ceux-ci contenaient peu de liquide et ont dû perdre sensiblement moins que l'année précédente en se convertissant en chrysalides.

Enfin, en 1844, l'éducation a été très-précoce, puisqu'elle a commencé le 10 mai, pour se terminer le 11 juin: la feuille et les vers ont dû rester très-aqueux sous l'influence d'une chaleur médiocre de 415 degrés pour 30 jours; aussi voit-on les vers perdre en 1844 presque autant qu'en 1842.

Maintenant, si l'on compare les deux années pendant lesquelles les vers ont consommé de la feuille sèche, 1840 et 1841, avec les trois années pendant lesquelles ils ont été alimentés avec la feuille mouillée, on trouve qu'ils ont perdu, dans la première période, 54,1 pour 100, et, dans la seconde, 57,7.

Si la réduction, dans la seconde période, avait été proportionnelle à celle de la première, cette réduction aurait été de 61,6 pour 100; comme elle n'a été que de 57,7, on peut n conclure que la feuille mouillée a été pour les vers un aliment qui a favorisé, dans la proportion de 14 pour 100, leur développement total. La formation des matières dont se compose le cocon a été augmentée dans la proportion de 10 pour 100, puisque nous avons obtenu 42,3 de cocons en poids sur 100 de vers, au lieu de 38,4 que nous aurions dû obtenir par l'emploi de la feuille sèche, en supposant que les vers eussent acquis le même volume.

Voilà, je crois, des considérations bien dignes de fixer l'attention des éducateurs, et même des hommes qui étudient au point de vue physiologique l'éducation des animaux dont l'industrie cherche à tirer parti.

§ 5.

INFLUENCE DU POIDS DES VERS SUR LA RÉDUCTION QU'ILS ÉPROUVENT.

Nous venons de voir que la température, la saison, l'alimentation pouvaient faire varier la réduction qu'éprouvent les vers à soie pendant la formation des cocons. Il importe de nous assurer si cette réduction est dans un rapport quelconque avec le poids absolu des larves. Comme les années pendant lesquelles on a recueilli les observations n'ont pas présenté des résultats uniformes, il importe de ne pas comparer entre eux les vers de plusieurs années.

Voici les vers de l'éducation de 1849 rangés par ordre de grosseur.

TABLEAU N° 6.

RACES.	POIDS DES VERS.	POIDS DES COCONS.	RÉDUCTION, pour cent.
Dandolo	5,48	2,85	48,00
Pesaro	5,30	2,50	53,00
Saint-Jean	4,90	2,55	48,00
Trevoltini	4,60	2,08	54,80
Loudun	4,50	2,34	48,00
Loriol	4,48	2,13	52,50
	4,87	2,40	50,71
Aubenas	4,40	1,92	56,40
Turin	4,40	1,82	58,70
Lamastre	4,34	2,06	52,60
Giali	4,16	1,94	53,40
Nanchini	4,16	1,99	52,20
Fossombrone jaune	4,00	1,90	52,50
	4,24	1,93	54,30
Fossombrone blanc	4,00	1,85	53,80
Joyeuse	3,82	1,93	50,00
Sina jaune	3,66	1,56	57,40
Espagnolet de Tours	3,42	1,78	48,00
Idem	3,42	1,85	46,00
Sina	3,34	1,47	56,00
Trois mues jaunes	4,00	1,42	52,70
	3,52	1,69	51,91

Nous voyons, dans ce tableau, que les six races qui ont donné les plus gros vers ont perdu 50,71 pour 100 de leur poids. Les six races suivantes ont perdu 54,30; enfin les vers les plus petits se sont réduits de 51,91 pour 100. Il paraît naturel d'en conclure qu'il n'y a aucun rapport appréciable entre le volume des vers et la réduction qu'ils éprouvent pendant leur transformation : nous voyons de très-gros vers perdre très-peu de leur poids et d'autres subir une forte réduction ; la même circonstance se trouve dans les vers du plus petit volume.

§ 6.

INFLUENCE DE L'ORIGINE DES RACES SUR LA RÉDUCTION DU POIDS DES VERS.

Je me suis demandé si les races nouvellement importées dans le Poitou et venant d'un climat plus chaud ne présenteraient pas quelque chose de particulier quant à la réduction du poids des vers. L'année 1840 avait été bien favorable à cette recherche, puisque l'éducation s'était composée de trente-quatre races différentes, ou du moins de trente-quatre parties d'œufs provenant de pays très-éloignés les uns des autres.

Nous allons classer les vers en quatre divisions : races du centre de la France, ou du moins acclimatées; races du midi de la France ; races du Piémont ou du nord de l'Italie; races du midi de l'Italie.

TABLEAU N° 7.

Races du centre de la France.			
RACES.	POIDS DES VERS.	POIDS DES COCONS.	RÉDUCTION, pour cent.
Loudun.	4,50	2,34	48,00
Espagnolet de Tours.	3,42	1,78	48,00
Idem.	3,42	1,85	46,00
Moyennes. .	3,67	1,99	47,33
Races du midi de la France.			
Sina.	3,34	1,47	56,00
Saint-Jean.	4,90	2,55	48,00
Loriol.	4,48	2,13	52,50
Aubenas.	4,40	1,92	56,40
Lamastre.	4,34	2,06	52,60
Joyeuse.	3,82	1,93	50,00
Sina jaune.	3,66	1,56	57,40
Moyennes. .	4,13	1,94	53,27
Races du Piémont et du nord de l'Italie.			
Dandolo.	5,48	2,85	48,00
Turin.	4,40	1,82	58,70
Giali.	4,16	1,94	53,40
Nanchini.	4,16	1,99	52,20
Trois mues jaunes. . .	3,00	1,42	52,70
Moyennes. . .	3,93	2,00	53,00

Races du midi de l'Italie.

RACES.	POIDS DES VERS.	POIDS DES COCONS.	RÉDUCTION, pour cent.
Pesaro	5,30	2,50	53,00
Fossombrone . . .	4,00	1,87	53,15
Moyennes. . .	4,65	2,18	53,07

On serait presque tenté de conclure de ce tableau que les races importées d'une contrée chaude dans un pays tempéré éprouvent, au moment de leur transformation, une perte plus grande que celles qui sont élevées depuis longtemps sous l'influence d'un climat tempéré; mais les faits sur lesquels se fonderait cette opinion sont en trop petit nombre pour que j'ose l'avancer ici.

Du reste, il est facile de comprendre combien il serait important de résoudre cette question. Tous les ans on importe en France une quantité considérable d'œufs de vers à soie du Piémont et de l'Italie ; n'est-il pas possible que cet usage nous cause un grave préjudice? Si les races d'Italie éprouvaient une réduction de 4 à 5 pour 100 plus considérable que celle des races acclimatées, il y aurait là un motif puissant pour renoncer à leur introduction annuelle.

CHAPITRE II.

§ 1er.

DU VOLUME DES COCONS ET DE L'ÉPAISSEUR DE LA COUCHE SOYEUSE.

Il sera facile de faire comprendre l'intérêt qui s'attache à l'étude du volume des cocons.

Supposons, en effet, deux races donnant des cocons du même poids et contenant la même proportion de matière soyeuse; mais les cocons de la première ont un volume de moitié plus considérable que ceux de la seconde. Il en résultera évidemment que la couche de soie dont sont formés les cocons de la première race sera de moitié plus mince que la couche de soie de la seconde race : or ce sera un inconvénient immense lorsqu'il s'agira de filer ces cocons ; ils feront un déchet beaucoup plus considérable que ceux dont la couche soyeuse, ramassée sous un plus petit volume et, par conséquent, plus épaisse, offre moins de prise au balai et résiste plus longtemps au poids de l'eau.

Il était donc très-intéressant d'étudier les cocons des diverses races quant à leur volume.

Le volume des cocons a été apprécié par un moyen très-simple. J'ai déterminé le petit et le grand diamètre, en m'assurant du nombre de cocons nécessaire pour couvrir une règle d'un mètre, en les y plaçant en travers pour avoir le petit diamètre et en long pour le grand.

Ce premier résultat obtenu, j'ai supposé que le cocon était un cylindre ; il devenait alors très-facile de calculer sa surface.

Un exemple fera bien comprendre le procédé. Pour couvrir un mètre avec des cocons placés en travers il en faut, je suppose, 50 ; donc le petit diamètre est de 20 millimètres.

Il faut vingt-cinq cocons placés en long pour couvrir le mètre ; donc le grand diamètre est égal à 40 millimètres.

Admettant que le cocon est un cylindre, nous aurons sa surface en multipliant son diamètre par sa hauteur, soit 20 par 40 = 800, et ce quotient par le rapport de la circonférence au diamètre, soit 3,14, et nous aurons 25 centimètres 12 millimètres carrés pour la surface du cocon. On voit que je néglige la forme ellipsoïde du cocon, dont le calcul présenterait de nombreuses difficultés

Le tableau suivant nous offre les races dans l'ordre du plus grand poids des vers : la quatrième colonne est destinée au volume calculé comme il vient d'être expliqué ; dans la cinquième, j'ai indiqué les proportions de la soie ; cela était indispensable pour apprécier les différentes épaisseurs de la couche soyeuse.

La sixième colonne offre la quantité absolue de soie contenue dans un cocon moyen ; enfin dans la septième on trouve, en milligrammes, la quantité de soie contenue pour chaque race dans un centimètre carré de coque soyeuse. Il est clair que ces derniers chiffres donnent les rapports des épaisseurs, puisque les surfaces sont égales : c'est ainsi que le *loudun* de 1841, contenant 18 milligrammes de soie par centimètre carré, se trouve avoir une épaisseur double des sinas de la même année, dont le centimètre carré ne contenait que 9 milligrammes de soie. Je reviendrai sur ce sujet.

Volume et épaisseur des cocons.

TABLEAU N° 8.

Éducation de 1840.

RACES.	POIDS DES VERS.	POIDS DES COCONS.	VOLUME DES COCONS.	PROPORTION de la soie p. 100.	QUANTITÉ absolue de la soie.	QUANTITÉ de soie par centimètre carré.
			c.q. m.q.		milligr.	milligr.
Dandolo.	5,48	2,85	26,62	15	427	16
Pesaro.	5,30	2,50	22,63	16	400	17
Saint-Jean	4,90	2,55	28,66	15	380	13
Loudun..	4,50	2,34	23,83	18	421	17
Loriol.	4,48	2,13	25,18	14	298	11
Aubenas.	4,40	1,92	19,93	15	288	14
Turin..	4,40	1,82	14,72	15	273	18
Lamastre.	4,34	2,06	24,30	15	309	12
Giali.	4,16	1,94	19,93	15	291	14
Nanchini.	4,16	1,99	20,00	15	298	14
Fossombrone jaune	4,00	1,90	19,02	12,5	237	12
Fossombrone blanc	4,00	1,85	22,29	15	277	12
Joyeuse..	3,82	1,93	20,72	15	289	13
Sina jaune.	3,66	1,56	18,62	15	234	12
Espagnolet de Tours	3,42	1,78	21,47	14	249	11
Idem.	3,42	1,85	21,47	14	259	12
Sina.	3,34	1,47	18,68	14	205	10
Trois mues jaunes..	3,00	1,42	16,64	12,6	178	10
Moyennes. . .	4,15	1,98	21,37	14,7	295	13,2

Éducation de 1841.

RACES.	POIDS DES VERS.	POIDS DES COCONS.	VOLUME DES COCONS.	PROPORTION de la soie p. 100.	QUANTITÉ absolue de la soie.	QUANTITÉ de soie par centimètre carré.
Loudun	5,74	2,45	23,83	18	441	18
Vigevano.	5,33	2,09	21,60	13	271	12
Pesaro.	5,06	2,32	21,00	15	348	18
Dandolo.	5,00	2,26	23,14	15	339	14
Fossombrone jaune	4,90	2,00	18,55	15	300	16
Aubenas.	4,46	1,96	19,93	14	274	14
Bianchi.	4,20	1,87	19,56	13	243	12

RACES.	POIDS DES VERS.	POIDS DES COCONS.	VOLUME DES COCONS.	PROPORTION de la soie p. 100.	QUANTITÉ absolue de la soie	QUANTITÉ de soie par centimètre carré
			c.q. m.q.		milligr.	milligr.
Syriens	4,16	1,97	24,11	15	295	12
Giali.	4,06	1,97	19,21	14	275	14
Sina.	4,00	1,87	22,76	12	224	9
Turin.	3,86	1,80	16,57	14	252	15
Trois mues blancs. .	3,63	1,45	17,96	12,5	178	9
Trois mues jaunes .	3,00	1,43	16,64	12	171	10
Moyennes. .	4,41	1,95	20,37	14,0	277	13,3
Éducation de 1842.						
Pesaro.	5,93	2,58	23,14	15	387	16
Dandolo.	5,90	2,17	25,12	15,7	387	15
Vigevano.	5,50	2,03	20,91	14	284	13
Aubenas.	5,20	2,14	21,82	15	321	14
Syriens.	5,10	1,90	22,66	15		
Giali.	4,70	2,00	20,91	14	280	13
Sina.	4,36	1,79	20,00	13	232	11
Brianza.	4,33	1,33	17,03	13,2	175	
Camuzzini. . . .	4,20	1,74	18,90	14	243	
Milanais.	3,93	1,64	20,72	14	229	
Tigrés.	3,10	1,46	18,58	13	189	
Moyennes. .	4,75	1,91	20,89	14,1	272	13,6

§ 2.

INFLUENCE DU POIDS DU VER SUR LE VOLUME DU COCON.

En jetant les yeux sur les troisième et quatrième colonnes du tableau, on s'aperçoit que la diminution du poids du ver entraîne, en général, la réduction du volume du cocon. Si nous prenons le poids moyen des vers des neuf plus fortes races de 1840, nous trouvons qu'il est de 4 grammes 66 centigrammes; le volume est de 22 centimètres 83 millimètres carrés.

Le poids moyen des neuf races qui suivent est de 3 grammes 64 centigrammes; leur volume, de 19 centimètres 87 millimètres carrés.

Pour 1841, nous trouvons : races fortes, poids des vers, 4 grammes 95 centigrammes ; volume des cocons, 21 centimètres 8 millimètres carrés.

Races faibles, poids du ver, 3 grammes 78 centigrammes ; volume des cocons, 19 centimètres 54 millimètres carrés.

Il est donc évident que, en général, les plus gros vers font les plus gros cocons ; mais cette règle présente de nombreuses exceptions : c'est ainsi que, dans la race de Loriol comparée à celle de Dandolo, nous trouvons des volumes de cocons presque égaux, ou ne différant que de quatre centièmes environ, tandis qu'il y a vingt centièmes de différence entre le poids des vers.

Nous voyons aussi que le turin, dont les vers pèsent 4 grammes 40 centigrammes, donne une surface de cocon de 14 centimètres 72 millimètres carrés seulement, lorsque le sina, dont les vers pèsent 3 grammes 34 centigrammes, c'est-à dire un quart de moins, offre des cocons dont la surface est de 18 centimètres 68 millimètres carrés, c'est-à-dire de près d'un tiers plus considérable.

On ne peut donc pas dire, d'une manière absolue, que le volume des cocons est proportionnel au poids des vers : il arrive souvent que de gros vers forment de petits cocons, et des vers peu développés des cocons d'un gros volume.

Il résulte évidemment de cet état de choses que l'épaisseur de la couche soyeuse, de laquelle dépend, en grande partie, la fermeté du cocon, doit varier aussi beaucoup.

§ 3.

INFLUENCE DU VOLUME DU COCON SUR L'ÉPAISSEUR DE LA COUCHE SOYEUSE.

Il est clair que deux cocons renfermant la même quantité de soie, si l'un des deux est plus petit que l'autre, il sera plus épais et, par conséquent, plus dur. C'est ce que nous trouvons dans les races de Turin et de Fossombrone (blancs) : elles contiennent toutes deux 27 centigrammes de soie par cocon (273 et 277 milligrammes) ; mais le volume du turin est de 14 centimètres 72 millimètres carrés seulement, tandis que le volume du fossombrone est de 22 centimètres 29 millimètres : aussi, en se reportant à la septième colonne, on voit que 1 centimètre carré de turin contient 18 milligrammes de soie, tandis que 1 centimètre de fossombrone n'en contient que 12, c'est-à-dire un tiers de moins; d'où je conclus que le turin est de moitié en sus plus épais que le fossombrone.

Toutes les personnes qui ont pratiqué la filature savent de quelle importance il est d'avoir des cocons épais. Jusqu'ici on n'avait que des données très-vagues sur cette qualité des cocons, et l'on aurait manqué absolument de base pour estimer ou comparer les épaisseurs des diverses races. La question se trouve résolue dans le tableau, et les chiffres de la septième colonne présentent les rapports d'épaisseur des différents cocons.

On remarque que, en 1840, c'est le turin qui a offert la plus grande épaisseur et le sina la moindre.

En 1841, la plus forte épaisseur s'est trouvée dans le loudun et le pesaro; la moindre dans le sina et les trois mues blancs, qui n'étaient autre chose que des sinas à trois mues.

§ 4.

INFLUENCE DE LA PROPORTION DE LA SOIE SUR L'ÉPAISSEUR DES COCONS.

Nous avons supposé tout à l'heure que deux cocons pourraient contenir la même quantité de soie et avoir des volumes différents; mais le contraire peut avoir lieu. La proportion de la soie n'est pas la même dans tous les cocons ; elle varie de 12 à 18 pour 100 dans les cocons récoltés à Poitiers dans les années 1840, 1841, 1842.

Il est facile de comprendre que cette proportion de la soie doit exercer une certaine influence sur l'épaisseur de la couche soyeuse.

En effet, si nous prenons l'épaisseur moyenne des cocons dans lesquels il y a 15 pour 100 et plus de soie, nous trouvons qu'elle est représentée par le chiffre de 14,3 milligrammes de soie par centimètre carré.

Les cocons qui contiennent moins de 15 pour 100 de soie n'offrent que 11 milligrammes de soie par centimètre. La différence est de plus du quart.

Il est permis d'en conclure que, si le volume du cocon a une grande influence sur son épaisseur, la proportion de soie qu'il contient en exerce une non moins considérable.

Volume et épaisseur des cocons.—Cinq races comparées par année.

TABLEAU N° 9.

RACES.	POIDS DES VERS.	POIDS DES COCONS.	VOLUME DES COCONS.	PROPRIÉTÉ de la soie p. 100.	QUANTITÉ absolue de la soie	QUANTITÉ de soie par centimètre carré.
1840.						
Dandolo.	5, 8	2,85	26,62	15	427	16
Pesaro..	5,30	2,50	22,63	16	400	17
Aubenas..	4,40	1,92	19,93	15	288	14
Giali..	4,16	1,94	19,93	15	291	14
Sina.	3,34	1,47	18,68	14	205	10
	4,53	2,13	21,55	15	322	14
1841						
Dandolo..	5,00	2,26	23,14	15	339	14
Pesaro..	5,06	2,32	21,00	15	348	18
Aubenas..	4,46	1,96	19,93	14	274	14
Giali..	4,06	1,97	19,21	14	275	14
Sina.	4,00	1.87	22,76	12	224	9
	4,51	2,07	21,20	14	292	13,8
1842.						
Dandolo..	5,90	2,47	25,12	15,7	387	15
Pesaro..	5,93	2,58	25,14	15	387	16
Aubenas..	5,20	2,14	21,82	15	321	14
Giali..	4,70	2,00	20,91	14	280	13
Sina..	4,36	1,79	20,00	13	232	11
	5,21	2,13	22,59	14,5	321	13,8

§ 5.

INFLUENCE DE L'ANNÉE SUR LE VOLUME ET L'ÉPAISSEUR DES COCONS.

Dans le tableau 9, j'ai présenté la comparaison, par année, des cinq races qui ont été observées pendant trois éducations.

On voit que les moyennes de volume ne diffèrent pas sensiblement en 1840 et 1841. On trouve une faible augmentation en 1842; mais elle est justifiée par le poids plus considérable des vers de cette année.

Quant à l'épaisseur, elle n'a varié, dans les trois années, que d'une quantité insensible.

Il ne paraît donc pas que les circonstances variées qui se sont présentées, dans les trois années en question, aient eu une influence quelconque sur le volume et l'épaisseur des cocons.

Cependant, en 1842, l'alimentation a eu lieu avec de la feuille mouillée : il en est résulté que les vers sont devenus plus gros; mais les cocons ont eu un volume à peu près proportionnel et l'épaisseur est restée la même.

CHAPITRE III.

§ 1er.

DE LA RICHESSE DES RACES, OU DE LA PROPORTION DE SOIE QUE CONTIENNENT LEURS COCONS.

On a pu voir, dans le tableau 8, que les cocons des diverses races expérimentées ne contenaient pas tous la même proportion de soie : dans quelques-uns elle n'est que de 12 pour 100; dans d'autres, de 13, 14, 15, 16 et même de 18 pour 100. Nous avons fait ressortir, dans d'autres publications, l'importance de ce fait, qui n'avait été signalé par personne avant nos travaux (1).

Il me reste à rechercher si la proportion de la soie est inhérente à la race et de quelle manière elle peut être modifiée par diverses causes.

Dans mes trois mémoires sur le mûrier, j'ai déjà fait voir que les diverses variétés de l'arbre dont le ver à soie mange les feuilles n'avaient ou ne paraissaient avoir aucune influence sur la proportion de matière soyeuse développée.

Dans le tableau 9, on peut voir que, pendant trois années, les cinq races expérimentées ont donné des cocons qui présentaient sensiblement la même proportion de soie; d'où l'on peut conclure que les circonstances variées des trois années n'ont guère modifié cette proportion.

---

(1) Dans nos notices sur les éducations de la Vienne, nous avons signalé plus d'une fois des cocons qui ne contiennent que 10 et 11 pour 100 de soie.

Dandolo n'a indiqué la proportion de la soie que d'une manière générale et sans distinction de races.

On remarque cependant un avantage d'un quatorzième ou de 7 pour 100 environ en faveur de l'année 1840.

Mais, si l'on se reporte au tableau 5, qui donne la réduction moyenne éprouvée par les vers dans les années 1840, 1841 et 1842, on verra que cette perte n'a été que de 57,7 en 1840 et de 58,8 en 1842.

Il est évident que les vers de 1840 contenaient moins d'eau susceptible de s'évaporer que ceux de 1842 nourris à la feuille mouillée ; la proportion de la soie devait donc se trouver plus considérable dans les cocons de 1840. Le fait est parfaitement d'accord avec celui que nous avons observé dans nos essais d'éducations sèche et humide de 1840. Les cocons de l'éducation sèche étaient plus riches en soie que ceux de l'éducation humide ; mais il n'en résultait pas que la quantité de soie produite pendant l'éducation avec une quantité donnée de feuille eût été plus considérable. Au contraire, nous voyons que les cocons de 1842, eu égard à l'énorme perte éprouvée par les vers pendant leur métamorphose, auraient dû se trouver encore plus pauvres en soie qu'ils ne l'ont été réellement, et nous en conclurons une fois de plus que l'alimentation humide leur a été favorable.

Les cocons les plus riches en soie proviennent-ils des vers les plus gros? Est-ce le contraire?

La proportion de la soie dans les neuf races les plus fortes de 1840 est de 15,3 ; elle n'est que de 14,1 dans les races plus petites.

Il en est de même en 1841 : on trouve 14,7 pour les grosses races et 13,2 pour les petites.

Il paraît naturel d'en conclure que, en général, les races à gros vers donnent une proportion de soie plus considérable que les races dont les vers ne parviennent pas au même degré de développement.

Mais la connaissance de ce fait ne saurait nous suffire. Nous avons vu, en effet, que certaines races parvenues à l'état de vers mûrs éprouvaient une énorme réduction pendant la formation des cocons, tandis que d'autres perdaient beaucoup moins ; or, comme le but définitif de l'éducateur doit être d'obtenir beaucoup de soie ou le plus de soie possible avec un poids égal de vers, il est intéressant de rechercher quels sont les rapports qui existent entre la réduction éprouvée par les vers et la proportion de soie obtenue dans les cocons.

Pour fonder cet examen sur une base plus certaine, nous prendrons seulement les cinq races qui ont été élevées successivement dans les années 1840, 1841 et 1842.

(Voir le tableau.)

Ce tableau nous démontre que le produit en soie n'a pas été égal pour les trois années. Le poids des vers étant le même, soit 100 kilogrammes, 1840 a donné 7 kilogrammes 2 grammes de soie, 1841 a donné 6 kilogrammes 412 grammes, et 1842 6 kilogrammes 108 grammes.

Il paraîtrait en résulter, au premier abord, que l'année 1842, pendant laquelle on a administré de la feuille mouillée, a donné des produits moins considérables que les deux années qui l'ont précédée et pendant lesquelles l'alimentation a eu lieu avec de la feuille sèche.

Mais on voudra bien remarquer que les vers de 1842 ont acquis un poids moyen de 5,21, tandis que ce poids n'a été que de 4,52 pour 1840. Il faut en conclure que, *à nombre égal de vers*, on a eu, en 1842, 115 kilogrammes de vers mûrs au lieu des 100 kilogrammes de 1840.

Les 115 kilogrammes contenaient (à raison de 14,5 pour 100) 7 kilogrammes 24 grammes de soie, quantité précisément égale à celle donnée en 1840 par 100 kilogrammes de vers, à raison de 15 pour 100 de matière soyeuse. Cette quantité de 7 kilogrammes 24 grammes de soie est même supérieure à celle obtenue en 1841.

Mais il est évident que ces différentes comparaisons perdraient beaucoup de leur intérêt, si nous ne nous rendions pas compte de la dépense en feuille qu'il a fallu faire, dans les trois années, pour obtenir les poids de vers indiqués. En

TABLEAU N° 10.

RACES.	RÉDUCTION sur 100 kilog. de vers.	POIDS des cocons par 100 kil. de vers	PROPORTION de la soie.	QUANTITÉ de soie obtenue de 100 kil. de vers
1840.				
		kilogr.		kilogr.
Aubenas.	56,4	44,6	15 p. 100	6,540
Sina. . .	56,0	44,0	14 p. 100	6,160
Dandolo.	48,0	52,0	15 p. 100	7,800
Giali. . .	53,4	46,6	15 p. 100	6,990
Pesaro. .	53,0	47,0	16 p. 100	7,520
Moyennes	53,3	46,7	15 p. 100	7,002
1841.				
Aubenas.	57,0	43,0	14 p. 100	6,020
Sina. . .	53,3	46,7	12 p. 100	5,604
Dandolo.	54,8	45,2	15 p. 100	6,780
Giali. . .	51,5	48,5	14 p. 100	6,790
Pesaro. .	54,2	45,8	15 p. 100	6,870
Moyennes	54,1	45,9	14 p. 100	6,412
1842.				
Aubenas.	59,0	41,0	15 p. 100	6,150
Sina. . .	58,8	41,2	13 p. 100	5,356
Dandolo.	58,2	41,8	15 p. 100	6,562
Giali. . .	57,5	42,5	14 p. 100	5,950
Pesaro. .	56,5	43,5	15 p. 100	6,525
Moyennes	58,0	42,0	14,5	6,108

effet, nous voyons bien que les vers de 1842 sont devenus plus gros que ceux des années précédentes, par l'usage de la feuille mouillée. Il reste à examiner dans quelle proportion a eu lieu la consommation de cette feuille. Nous trouvons, dans nos publications précédentes, tous les éléments de ces rapprochements, et certes nous n'y pensions guère quand nous avons fait connaître nos résultats successifs.

En 1840, il a été consommé 22 kilogrammes 320 grammes de feuille pour 1 kilogramme de cocons représentant 2 kilogrammes 141 grammes de vers mûrs.

En 1841, on a employé 21 kilogrammes 890 grammes de feuille pour 1 kilogramme de cocons représentant 2 kilogr. 178 grammes de vers.

En 1842, la consommation a été de 16 kilogr. 500 gram. de feuille, toujours pour 1 kilogr. de cocons provenant de 2 kilogrammes 380 grammes de vers.

Il résulte de ces données qu'un kilogramme de feuille a fourni,

En 1840, 95 grammes de vers et 44 grammes de cocons ;
En 1841, 99 ——— de vers et 45 ——— de cocons ;
En 1842, 144 ——— de vers et 60 ——— de cocons ;

En d'autres termes, 1 kilogramme de feuille mouillée a donné 60 grammes de cocons, au lieu de 45 grammes qu'avait produits 1 kilogramme de feuille sèche ! c'est-à-dire près de moitié en plus.

Il faudra bien des faits contradictoires pour détruire l'autorité de celui-ci : nous les attendons. Quant aux raisonnements, nous pourrions dire qu'ils n'ont qu'une faible valeur en face d'un fait si précis ; mais les personnes qui ont pris la peine de lire avec quelque attention mon ouvrage sur la muscardine reconnaîtront que la théorie n'est pas moins favorable que les faits acquis à l'emploi de la feuille mouillée.

Maintenant, pour dire absolument quelle part revient, dans cette énorme économie de feuille, à l'action de l'eau comme aliment, ou à la propriété qu'elle a de conserver la feuille fraîche et de faciliter la consommation de celle-ci jusqu'au dernier morceau, il sera nécessaire de revenir à de nouvelles observations : elles auront pour but de déterminer quelle est la consommation réelle de parenchyme dans les deux cas.

Quand bien même on démontrerait alors que l'addition de l'eau n'a pas d'autre résultat que la conservation de la feuille à l'état frais, le procédé n'en serait pas moins précieux ; mais tout porte à croire que l'eau agit également d'une manière favorable en fournissant au ver les éléments de l'énorme transpiration à laquelle nous le soumettons dans nos éducations forcées.

§ 2.

DE LA PROPORTION DE SOIE DANS LES COCONS PRIS ISOLÉMENT.

Jusqu'ici j'ai raisonné sur la proportion moyenne de la soie contenue dans les cocons des diverses races ; mais je ne me suis pas expliqué sur les différences que pouvaient offrir des cocons pris isolément et comparés entre eux.

J'ai dit aussi que la proportion moyenne de la soie dans une race ne paraissait guère modifiée, soit par le régime, soit par les autres circonstances qui pouvaient survenir ; mais je n'ai pas prétendu établir par là que tous les cocons d'une race contenaient la même proportion de soie. Cette question reste entière.

Pour faire bien comprendre dans quel but et à quelle occasion elle a été traitée, je donnerai textuellement la note suivante du 6 juillet 1840, extraite du *registre officiel* de nos éducations à la magnanerie modèle départementale de Poitiers.

« On a vu plus haut que j'avais déterminé le poids de la

« soie dans chaque race en pesant les coques et les chrysa-
« lides de 100 grammes de cocons.

« Je veux m'assurer maintenant si ce procédé est suffi-
« samment exact, et s'il ne pourrait pas arriver qu'on prît
« par hasard des cocons plus ou moins riches.

« En conséquence, je prends dans une race vingt cocons,
« depuis le plus petit jusqu'au plus gros; je les range le
« mieux possible par ordre de taille, puis je pèse chacun
« d'eux séparément.

« Enfin je les ouvre et je prends aussi le poids de la soie.

« Voici le résultat de ce travail ; il est fait avec une
« exactitude scrupuleuse.

« La balance est sensible à moins de 5 milligrammes. Le
« travail est fait sans interruption pour éviter toute cause
« d'erreur. »

On voudra bien remarquer que la 1re colonne des tableaux présente les cocons dans l'ordre de leur poids, de telle sorte que le premier se trouve être le plus léger.

Dans la 2e colonne j'ai inscrit le poids absolu de la soie contenue dans chaque cocon.

La 3e offre la proportion de la soie, quant au poids total du cocon.

Enfin dans la 4e colonne on voit les chiffres indiquant le numéro d'ordre des cocons, lorsqu'ils étaient rangés par grosseur.

RACE DE TOURS.

TABLEAU N° 11.

POIDS DES COCONS.	POIDS DE LA SOIE.	PROPORTION DE LA SOIE.	ORDRE PAR VOLUME.
gramme.	gramme.	pour cent.	numéros.
1,015	0,125	12,31	2
1,040	0,125	12,01	1
1,150	0,130	11,30	4
1,175	0,110	9,36	3
1,300	0,245	18,90	6
1,430	0,245	17,23	5
1,485	0,295	19,86	7
1,515	0,235	15,51	8
1,525	0,260	17,04	12
1,810	0,300	16,57	18
1,980	0,260	13,13	9
1,990	0,275	13,81	10
2,000	0,280	14,00	11
2,030	0,280	13,78	13
2,215	0,300	13,58	17
2,240	0,310	13,83	16
2,250	0,295	12,66	14
2,400	0,380	15,80	20
2,470	0,325	13,15	19
2,500	0,335	13,40	15
Moy. 1,776	0,255	14,38	

RACE DE FOSSOMBRONE.

TABLEAU N° 12.

POIDS DES COCONS.	POIDS DE LA SOIE.	PROPORTION DE LA SOIE.	ORDRE PAR VOLUME.
gramme.	gramme.	pour cent.	numéros.
1,035	0,200	19,32	1
1,195	0,345	28,80	9
1,430	0,320	22,37	15
1,560	0,260	16,66	14
1,600	0,230	14,37	3
1,620	0,275	16,95	7
1,640	0,230	14,00	2
1,640	0,320	19,51	17
1,770	0,345	19,49	4
1,840	0,320	17,39	6
2,110	0,310	14,69	16
2,240	0,310	13,83	18
2,345	0,370	15,76	10
2,370	0,295	12,44	5
2,450	0,330	13,46	8
2,480	0,300	12,09	11
2,520	0,360	14,28	12
2,545	0,370	14,53	13
2,600	0,410	15,76	19
2,910	0,420	14,43	20
Moy. 2,020	0,316	15,64	

RACE DE SAINT-JEAN DU GARD.

TABLEAU N° 13.

POIDS DES COCONS.	POIDS DE LA SOIE.	PROPORTION DE LA SOIE.	ORDRE PAR VOLUME.
gramme.	gramme.	pour cent.	numéros.
1,860	0,340	18,27	4
1,880	0,280	14,89	1
1,920	0,340	17,70	6
1,990	0,330	16,57	12
2,000	0,320	16,00	9
2,060	0,310	15,04	3
2,080	0,350	16,82	13
2,120	0,330	15,56	7
2,120	0,360	16,98	10
2,180	0,400	18,34	18
2.290	0,210	9,16	2
2,380	0,390	16,38	8
2,440	0,390	15,98	14
2,510	0,410	16,33	19
2,540	0,360	14,17	15
2,580	0,440	17,05	11
2,690	0,380	14,12	5
2,720	0,390	14,33	17
2,790	0,400	14,33	16
2,850	0,400	14,03	20
Moy. 2,300	0,356	15,50	

L'étude de ces trois tableaux nous présente plusieurs enseignements intéressants.

1° Le volume des cocons est, en général, proportionnel à leur poids, dans une même race; mais cette règle souffre beaucoup d'exceptions.

Cette considération explique très-bien les nombreuses erreurs qu'on doit commettre lorsqu'on prend le volume des cocons pour base de la séparation des sexes. Si les cocons femelles sont presque constamment les plus lourds, il s'en faut de beaucoup qu'ils soient toujours les plus volumineux.

2° La proportion de la soie dans les cocons est extrêmement variable.

Dans le premier tableau, nous trouvons les extrêmes 9,36 et 19,86 pour 100;

Dans le second, 12,09 et 28,80;

Dans le troisième, 9,16 et 18,34.

Ces différences, qui s'élèvent du simple au double, méritent toute notre attention; car, s'il était possible d'en saisir les causes et de les obtenir à volonté, il est clair qu'on aurait fait faire un pas immense à l'industrie de la soie.

Mais il est évident qu'il y a ici plusieurs influences qu'il importe de distinguer. Premièrement quelques cocons, qui n'offrent qu'une très faible proportion de soie, sont évidemment des anomalies : ces cocons auront été tissés par des vers qui avaient perdu une partie de leur soie dans la recherche d'une place convenable à leur établissement. Nous avons eu dans les éducations tardives l'exemple de grandes séries de vers qui présentaient tous ce défaut capital (1).

Deuxièmement, quelques vers ont offert une anomalie toute contraire; leur chrysalide s'est trouvée légère et la coque soyeuse très-forte, soit parce que les vers, avant de

(1) Deuxième mémoire sur le mûrier.

s'enfermer, avaient perdu beaucoup par la transpiration, soit parce que quelque partie de leurs organes, le corps gras, par exemple, s'est trouvée réduite par des causes difficiles à apprécier.

Troisièmement, la proportion de la soie dépend du sexe de la chrysalide.

Il était probable qu'il en serait ainsi ; mais des probabilités ne sauraient nous suffire, ce sont des preuves qu'il nous faut : elles ressortent avec évidence des trois tableaux que j'ai donnés.

Nous savions déjà, par les expériences de Dandolo et de M. Loiseleur-Deslongchamps, dont j'ai vérifié les résultats, que les cocons femelles pèsent généralement plus que les cocons mâles ; cette différence de poids s'explique très-facilement par la présence des œufs dans les femelles : il devenait dès lors probable que la proportion relative de la soie devait se trouver affectée dans les cocons qui les renferment.

En effet, on voit, dans les tableaux, que les cocons les plus lourds offrent une proportion de soie qui est, à quelques exceptions près, au dessous de la moyenne, et que les cocons les plus légers montrent le caractère opposé ; la proportion de leur coque soyeuse dépasse la moyenne.

Ce fait est d'autant plus remarquable que le poids absolu de la coque soyeuse est généralement en rapport avec le poids absolu du cocon ; de telle sorte que les cocons les plus lourds, dans leur ensemble, sont aussi ceux qui contiennent la coque soyeuse la plus pesante. Eh bien, malgré cela, ces mêmes cocons sont les moins riches en soie, proportionnellement bien entendu.

Ainsi donc, à poids égal, des cocons femelles donnent moins de soie que des cocons mâles ; mais, à nombre égal, les cocons femelles ont l'avantage.

Malheureusement, il paraît impossible d'exercer une influence quelconque sur la production des sexes et d'obtenir, à volonté, un plus grand nombre de l'un ou de l'autre.

Quoi qu'il en soit, nous avons à tirer de ces considérations des conclusions qui ne sont pas douteuses :

La proportion de la soie varie beaucoup dans les cocons d'une même race et d'une même éducation ;

La différence la plus importante est due à la différence de poids des chrysalides des deux sexes : il en résulte que les cocons femelles contiennent une proportion de soie inférieure à celle des cocons mâles.

§ 3.

DE LA PROPORTION DE LA SOIE DANS LES RACES BLANCHES ET DANS LES RACES JAUNES.

Il m'a paru intéressant de m'assurer si les races blanches étaient inférieures ou supérieures aux races jaunes quant à la proportion de la soie ; malheureusement je n'ai pu comparer qu'un petit nombre des premières aux autres.

Les races blanches contiennent, en moyenne, 13,80 pour 100 de soie ; les races jaunes, 14,45 : différence, 0,65 pour 100.

Si l'on veut bien remarquer que j'ai dû faire figurer, dans mes races blanches, les sinas, les trois-mues blancs et les tigrés, on reconnaîtra sans doute, avec moi, que la différence de 0,65 pour 100 disparaîtrait, si je pouvais inscrire sur mon tableau l'espagnolet blanc, le roquemaure, le novi ; mais, quand j'expérimentais ces races, je ne recueillais pas encore tous les renseignements nécessaires à des comparaisons de ce genre. Pour le moment, je crois pouvoir dire que les races jaunes, *prises dans leur ensemble*, n'ont pas d'avantages sensibles sur les races blanches, quant à la proportion de la soie qu'elles contiennent.

§ 4.

INFLUENCE DU CLIMAT SUR LA RICHESSE DES RACES.

Il serait très-intéressant de savoir si le climat influe sur la proportion de soie développée dans les vers et déposée ensuite sous forme de cocons.

La nature, en donnant à la chrysalide une enveloppe aussi solide, a eu pour but de la défendre contre certains accidents, contre quelques ennemis sans doute. Il n'est pas improbable que ces accidents ou ces ennemis se trouvant plus redoutables ou plus nombreux dans quelques climats, l'enveloppe de la chrysalide devienne proportionnellement plus résistante ; mais, pour éclairer cette question, il sera nécessaire que des observateurs zélés, placés à d'assez grandes distances les uns des autres, recueillent, pendant plusieurs années, les faits nécessaires.

Malheureusement, jusqu'à présent, nous avons été les seuls à faire des expériences de ce genre, ou, du moins, personne n'en a publié qui soient parvenues jusqu'à nous.

En 1842, pendant mon voyage dans le midi de la France, j'ai saisi avec empressement le petit nombre d'occasions qui se sont présentées. On conçoit qu'il fallait arriver précisément au moment du déramage des cocons pour en ouvrir un certain nombre et déterminer la proportion de la soie.

Voici les résultats de ces observations.

Alais.

Cocons de la plaine, de grosseur moyenne : 13,7 de soie pour 100 de cocons.

Cocons de la montagne : 13,0 pour 100 de soie (1).

---

(1) Ces expériences ont été faites chez M. Ollivier.

Cocons de la plaine, très-forts, race moyenne : 12,0 pour 100 de soie.

Cocons de la plaine, même race, moins forts en apparence : 12,0 pour 100 de soie.

Cocons récoltés au nord d'Alais, sur le coteau, race milanaise : 13,0 pour 100 de soie.

Cocons de la montagne, première qualité : 13,0 pour 100 de soie.

Cocons blancs, espagnolet de Saint-Jean du Gard : 13,0 pour 100 de soie (1).

Cocons moyens de la montagne : 12,8 pour 100 de soie (2).

Manoc.

Espagnolet d'Alais : 12,5 pour 100 de soie.

Autre partie de la même race : 13,8 pour 100 de soie. Il est à remarquer que cette partie était déramée depuis plusieurs jours; la chrysalide avait déjà perdu de son poids (3).

Anduze.

Cocons de la race milanaise : 13,5 pour 100 de soie.

Cocons de la même race, autre partie : 14,0 pour 100 de soie (4).

Les cocons de ces deux épreuves étaient déramés depuis plusieurs jours; dans les derniers même, il s'est trouvé quelques chrysalides sèches, ce qui a occasionné la richesse apparente de ces cocons.

---

(1) Ces essais ont été faits chez M. Trial.

(2) Chez M. Barrois.

(3) Observations recueillies chez M. Mazade.

(4) Chez M. Corbessas.

Saint-Jean du Gard.

Cocons de la race de Saint-Jean, chez M. Soubeyran : 12.5 pour 100 de soie.

Valleraugue.

Des cocons qui ont déjà plusieurs jours de déramage, examinés chez M. Tessier, donnent 14,0 pour 100 de soie.

Ainsi donc, dans les localités du midi de la France qui passent, avec raison, pour récolter les meilleurs cocons, je n'ai pas trouvé plus de 14,0 pour 100 de soie; mais, comme tous les cocons examinés étaient déramés depuis huit, dix et même douze jours, il faut réduire cette proportion de soie à 12 pour 100 environ en moyenne.

C'est en 1842 que je faisais ces observations : il ne conviendrait pas de les comparer avec celles recueillies, la même année, à Poitiers ; car là on nourrissait les vers à soie avec de la feuille mouillée, ce qui devait détruire toute similitude. Prenons donc les années 1840 et 1841, pendant lesquelles l'alimentation avait lieu avec de la feuille sèche.

Nous trouvons qu'en 1840 la proportion moyenne de la soie a été de 14,7 pour 100.

En 1841, la proportion a été de 14 pour 100 : c'est, dans le premier cas, 2,7 pour 100, et, dans le second, 2 pour 100 de plus que dans les cocons du Midi.

Mais il est très-important de remarquer que, dans les dix-huit races de 1840, pour lesquelles on a recueilli des observations, il s'en trouve de très-pauvres. Il en est de même en 1841, tandis que mes observations du Midi ont porté sur les plus belles races des contrées les plus favorisées. Je crois donc pouvoir conclure, quant à présent, des observations que j'ai pu recueillir, et sauf à revenir sur ce sujet, que les cocons du Midi sont généralement moins riches en soie que ceux du centre de la France.

Je me crois d'autant plus fondé à poser ce principe, que, dans ma collection, où figurent des cocons de tous les départements séricicoles du Midi, il serait impossible d'en trouver de comparables aux cocons de Poitiers, pour la fermeté et l'épaisseur de la couche soyeuse.

A la dernière exposition des produits de l'industrie nationale, on pouvait voir plusieurs échantillons de cocons du Midi, et, tout à côté, ceux de la magnanerie de Poitiers : or il ne fallait que porter la main sur les uns et les autres pour apprécier l'incontestable supériorité des cocons du Centre.

Quoi qu'il en soit, il est fort à désirer que les éducateurs zélés du Midi publient enfin les observations qu'il leur est si facile de recueillir sur la richesse de leurs précieuses races.

CHAPITRE IV.

DE L'INFLUENCE DES RACES SUR LA CONSOMMATION DE LA FEUILLE.

Le titre de ce chapitre ne servira qu'à constater une lacune.

J'ai fait voir que certaines races présentaient des avantages incontestables, soit sous le rapport de la réduction qu'éprouvent les vers en se convertissant en cocons, soit pour la proportion de soie que contiennent ces cocons.

Mais, pour que l'éducateur fût définitivement fixé sur *le produit net* de ces races, il faudrait pouvoir lui dire à quel prix, c'est-à-dire au moyen de quelle consommation de feuille on obtient ces résultats.

Les expériences nécessaires pour acquérir cette connaissance n'ont pas encore été faites; il est facile de comprendre toutes les difficultés qu'elles présentent : il faudrait élever au moins six races différentes, dans le même atelier, dans des conditions bien identiques et exactement avec la même nature de feuille; il faudrait tenir un compte exact des quantités de feuille consommées par chaque race et éviter, avec soin, toute erreur.

Tout cela est possible; nous le tenterons : en attendant, je ne pourrais donner que des présomptions auxquelles il faut renoncer quand on est entré dans le système que nous avons suivi, et qui consiste à tout peser et mesurer.

CHAPITRE V.

DE L'INFLUENCE DES RACES SUR LES MALADIES DES VERS.

Certaines races sont-elles plus sujettes que d'autres à contracter les maladies qui affligent les éducateurs; par exemple, observe-t-on plus souvent la muscardine dans la grosse race de Saint-Jean que dans les petites races du Piémont?

On conçoit tout l'intérêt qui s'attache à cette question; mais elle est de celles qui ne peuvent être résolues que par de longues observations recueillies dans les contrées où l'industrie de la soie est ancienne et générale. Malheureusement ces observations manquent; elles manquent comme toutes celles qui se rattachent aux races, dont l'étude a été jusqu'ici complétement négligée.

Dandolo lui-même, l'homme aux patientes et minutieuses recherches, en dit à peine quelques mots : depuis, on n'a rien fait. Nous avons courageusement entrepris de combler cette lacune ; mais il est facile de comprendre que huit années n'ont pu suffire à tout, si l'on veut bien considérer, d'ailleurs, que nos recherches ont dû porter sur une foule d'autres questions non moins intéressantes et qui toutes réclamaient une solution.

Du reste, en traitant en particulier de chacune des races que nous avons étudiées, on verra que nous n'avons pas négligé de recueillir les observations relatives à leur rusticité. Quelques unes paraissent plus sujettes à la jaunisse ; d'autres à la maladie des morts-flats : quant à la muscardine, nous n'avons pu recueillir aucune observation à son égard.

CHAPITRE VI.

§ 1er.

DE L'INFLUENCE DES RACES SUR LES PROPRIÉTÉS DE LA SOIE : TITRE, DUCTILITÉ, TÉNACITÉ.

Dans les chapitres qui précèdent, nous avons étudié l'influence des races, abstraction faite des propriétés spéciales de la soie qu'elles produisent.

Il convient maintenant d'aborder cette importante question et de nous assurer si les soies provenant des diverses races jouissent toutes, au même degré et proportionnellement à leur grosseur, de la ténacité ou force, de l'extensibilité ou ductilité qu'elles doivent présenter.

En un mot, nous allons faire aux soies provenant de nos races l'application des principes auxquels j'ai été conduit par les recherches sur les propriétés normales de la soie, qui sont contenues dans mon second mémoire.

Commençons par présenter, dans un tableau, les éléments de l'étude à laquelle nous allons nous livrer.

On voudra bien se rappeler que la ductilité et la ténacité de la soie ont été déterminées par dix expériences, au moins, faites sur le sérimètre (1). La ductilité ou allongement est exprimée en millimètres pour 1 mètre de soie ; la ténacité est exprimée en grammes, aussi pour 1 mètre de soie. Il m'a paru inutile de donner en détail toutes ces expériences (2).

Le titre de la soie est exprimé en milligrammes, pour 500 mètres de fil. Dans le tableau qui suit, le poids des vers a été pris pour base de l'ordre établi entre les races ; la première inscrite au tableau est celle qui a donné les vers les plus forts.

---

(1) *Voir* le deuxième mémoire, *Propriétés générales de la soie.*

(2) Elles sont consignées dans des tableaux que je puis mettre à la disposition des personnes qui auraient le désir d'y puiser des renseignements : je les mets sous les yeux de la Société royale et centrale d'agriculture.

(Voir les tableaux ci-joints.)

TABLEAU N° 14.

RACES.	POIDS MOYEN des vers	VOLUME des cocons	TITRE de la soie.	TÉNACITÉ ou poids porté.	DUCTILITÉ ou allongement.
	gramm.	c.q. m.q	milligr.	gramm.	millim.
Dandolo	5,90	25,12	927	69	159
Loudun	5,74	23,83	1162	78	163
Cora	5,60	19,77	1080	65	165
Dandolo	5,50	25,12	1060	63	171
Vigevano	5,50	20,91	910	58	188
Vigevano	5,30	21,60	982	76	181
Pesaro	5,30	22,63	1085	59	97
Aubenas	5,20	21,82	810	54	168
Syriens	5,10	22,66	903	64	219
Dandolo	5,00	23,14	»	40	155
Saint-Jean	4,90	28,66	860	55	179
Moyennes	5,36	23,26	977	62,2	167
Giali	4,73	20,91	850	63	191
Trevoltini	4,60	23,63	820	49	141
Loudun	4,50	23,83	1090	55	134
Loriol	4,48	25,18	903	51	157
Aubenas	4,46	19,93	835	57	147
Aubenas	4,40	19,93	822	61	176
Lamastre	4,34	24,30	845	47	149
Brianza	4,33	17,03	836	57	202
Camuzzini	4,20	18,90	805	46	183
Giali	4,16	19,93	1110	56	153
Nanchino	4,16	20,00	940	56	149
Syriens	4,16	24,11	802	57	147
Moyennes	4,37	21,47	888	54	160
Giali	4,06	19,21	827	62	175
Fossombrone blanc	4,00	22,29	882	49	149
Sina	4,00	22,76	768	56	166
Fossombrone jaune	4,00	19,02	1115	59	157
Milanais	3,93	20,72	733	50	170

RACES.	POIDS moyen des vers.	VOLUME des cocons.	TITRE de la soie.	TÉNACITÉ ou poids porté.	DUCTILITÉ ou allongement.
Turin.	3,86	16,57	975	58	168
Joyeuse.	3,82	20,72	916	56	133
Annonay.	3,66	18,58	857	50	131
Sina à trois mues. . .	3,63	17,96	750	58	165
Espagnolet de Tours.	3,42	21,47	670	41	153
Tigrés.	3,10	18,58	856	50	164
Trois mues. . . .	3,00	16,64	615	39	152
Moyennes . .	3,70	19,54	838	52	156

Le tableau est divisé en trois parties. La première comprend les races dont les vers ont acquis le plus grand volume ; la seconde offre les vers moyens ; dans la troisième, j'ai rangé les plus petits. Au bas de chaque colonne on voit les moyennes que donnent les chiffres qui y sont inscrits.

Les trois tableaux se résument ainsi :

Résumé du tableau n° 14.

	POIDS moyen des vers.	VOLUME MOYEN des cocons.	TITRE MOYEN des soies	TÉNACITÉ moyenne des soies.	ALLONGEMENT moyen des soies.
	gram.	c.q. m.q	milligr.	gram	millim.
Gros vers.	5,36	23,26	977	62,2	167
Vers moyens. . .	4,73	21,47	888	54,0	160
Vers petits . . .	3,70	19,54	838	52,0	156

§ 2.

INFLUENCE DES RACES SUR LE TITRE.

Il résulte évidemment des chiffres du tableau précédent

1° Que le volume des cocons diminue en même temps que le poids des vers ;

2° Que le titre de la soie est assujetti à la même règle, de telle sorte que les plus gros vers donnent, en général, au moins la plus grosse soie, et les vers les plus petits la soie la plus fine.

Examinons maintenant si cette réduction est proportionnelle. Ainsi, des vers pesant 5 grammes 36 ayant donné une soie au titre de 977, quel doit être le titre de la soie élaborée par les vers pesant 4 grammes 73, et par les plus petits, pesant seulement 3 grammes 70 ?

Nous aurons alors à comparer les résultats de l'expérience et ceux du calcul. Le tableau suivant offre cette comparaison.

TABLEAU N° 15.

	POIDS des vers.	TITRE RÉEL de la soie.	TITRE calculé
Gros vers	5,36	977	977
Vers moyens. . . .	4,73	888	862
Vers petits.	3,70	838	674

Cette comparaison des titres réels et des titres calculés prouve que le volume des soies est bien loin de décroître dans la même proportion que le poids des vers. Ainsi, les vers pesant 5 grammes 36 ayant donné de la soie au titre de 977, les vers pesant 4 grammes 73 auraient dû donner le titre de 862 : leur soie présente celui de 888; différence en plus, 26.

Les vers pesant seulement 3 grammes 70 auraient dû

donner le titre de 674 : leur soie offre celui de 838 ; différence en plus, 164.

J'avoue qu'au premier abord ces différences m'ont étonné ; mais j'ai bientôt reconnu aussi qu'elles étaient toutes naturelles. En effet, le volume de la soie résulte du diamètre des organes dans lesquels elle se consolide sous forme de fil, et nous voyons que son volume augmente avec le *poids* des vers ; mais il est clair que ce poids augmente lui-même dans une proportion très-différente du volume, puisque, pour un diamètre de 2 par exemple, la masse ou le poids étant 4, pour un diamètre de 4 le poids est = 16 et non pas = 8 : d'où il suit que la réduction du *volume* des organes ne réduit pas proportionnellement la masse ou le *poids* des vers. Ce poids décroît dans une proportion beaucoup plus forte et qui est à l'autre comme 4 est à 2.

Par conséquent, les petits vers, ou les vers plus légers, doivent donner une soie proportionnellement plus grosse que les vers plus pesants : c'est, en effet, ce que démontre l'expérience.

La règle se trouve donc formulée en ces termes : *le titre de la soie diminue avec les poids des vers, mais pas proportionnellement à ces poids.*

Maintenant, si nous prenions pour base des calculs des titres la moyenne générale des poids des vers et celle des titres, nous arriverions à cette autre conséquence, que les gros vers donnent une soie proportionnellement plus fine que la moyenne ne l'indique, et les petits vers une soie proportionnellement plus grosse.

Ces résultats, entièrement nouveaux, je crois, dans l'histoire de l'industrie, présentent un grand intérêt pour la pratique.

Mais il convient d'examiner, en ce moment, si le titre de la soie est à peu près constant dans une race, ou s'il varie avec le poids acquis par les vers de cette même race.

Plusieurs races ayant été étudiées deux ans et même trois ans de suite, nous avons les éléments nécessaires à la solution de cette question.

TABLEAU No 16.

RACES.		POIDS DES VERS.	TITRE DE LA SOIE.
		grammes.	milligrammes.
Loudun de Poitiers.		4,50	1090
Loudun de la Catodière. . .		5,74	1162
Syriens.	1841.	4,16	802
Idem.	1842.	5,10	903
Pesaro.	1840.	5,30	1085
Idem.	1841.	5,06	1167
Vigevano	1841.	5,33	982
Idem.	1842.	5,50	910
Giali.	1840.	4,16	1110
Idem.	1841.	4,06	827
Idem.	1842	4,73	850
Aubenas.	1840	4,46	835
Idem.	1841	4,40	822
Idem	1842.	5,20	810

Ce tableau ne présente qu'une seule anomalie, celle des giali de 1840 : peut être qu'en vérifiant le titre de la soie qu'ils ont donnée, cette anomalie disparaîtrait. Les autres résultats démontrent clairement 1° que le titre de la soie est à peu près constant dans les races, et 2° qu'il faut une augmentation assez considérable du poids des vers pour altérer le titre de la soie. Nous avons vu ailleurs quelles sont les causes de cette augmentation du poids des vers.

Je viens de poser les règles générales du rapport qui existe entre le poids des vers et le titre de leur soie. Il est curieux de nous assurer quelle part d'influence exerce sur ce titre le volume du cocon.

§ 3.

INFLUENCE DU VOLUME DU COCON SUR LE TITRE DE LA SOIE.

Dans le tableau suivant les races sont rangées par ordre de volume des cocons, les plus gros étant en tête de la colonne.

TABLEAU N° 17.

RACES.	VOLUME des cocons.	TITRE de la soie.
	c. q. m. q.	milligr.
Saint-Jean.	28,66	860
Loriol.	25,18	903
Dandolo.	25,12	1080
Lamastre.	24,30	845
Syriens.	24,11	802
Loudun.	23,83	1162
Loudun.	23,83	1090
Trevoltini.	23,63	820
Sina.	22,76	768
Syriens.	22,66	903
Pesaro.	22,63	1085
Moyennes.	22,24	938

RACES	VOLUME des cocons	TITRE de la soie.
	c. q. m. q.	milligr.
Fossombrone blanc. . . .	22,29	882
Aubenas.	21,82	810
Vigevano	21,60	982
Espagnolet de Tours . .	21,47	670
Giali.	20,91	850
Vigevano	20,91	910
Milanais.	20,72	733
Joyeuse.	20,72	916
Nanchino	20,00	940
Aubenas.	19,93	822
Aubenas.	19,93	835
Moyennes.	20,93	850
Giali.	19,93	1110
Giali.	19,21	827
Fossombrone jaune..	19,02	1115
Camuzzini.	18,90	805
Tigrés.	18,58	856
Annonay.	18,58	857
Sina à trois mues.	17,96	750
Brianza..	17,03	836
Trois mues jaunes.	16,64	615
Turin.	16,57	975
Moyennes. . . .	18,24	874

J'ai déjà fait remarquer, dans un chapitre précédent, que le volume des cocons était bien, *en général*, en rapport avec le poids des vers, mais que cette règle admettait de nombreuses exceptions.

Il en est de même quant au rapport du volume des cocons comparé au titre de la soie dont ils sont formés. On voit bien que les plus gros cocons donnent, en général, une soie d'un titre plus élevé ; mais, comme les vers d'un faible poids tissent, en général, un cocon petit et composé d'une soie proportionnellement plus grosse, il en résulte que la série des cocons d'un petit volume donne un titre plus fort que la série des cocons d'un volume moyen. Il faut prendre la série des gros cocons pour trouver un titre supérieur.

La règle, à cet égard, sera donc ainsi conçue : en général, les gros cocons sont formés de la soie la plus grosse ; mais les cocons les plus petits contiennent, en général aussi, une soie moins fine que ne paraît l'annoncer leur volume.

En traitant des races en particulier, j'aurai soin de donner pour chacune d'elles le volume ordinaire de ses cocons et le titre de la soie.

§ 4.

INFLUENCE DES RACES SUR LA TÉNACITÉ DE LA SOIE.

Reportons-nous, pour un moment, au tableau 14, ou plutôt au résumé de ce même tableau, reproduit en partie ci-dessous : nous y verrons, d'une manière évidente, que la ténacité des soies diminue avec leur titre ; mais il convient de nous assurer si ces réductions sont proportionnelles. Le tableau suivant présente les ténacités calculées en prenant pour base celle de la soie la plus grosse.

TABLEAU N° 18.

	POIDS des vers.	TITRE réel.	TÉNACITÉ réelle.	TÉNACITÉ calculée.
	grammes.	milligr.	grammes.	grammes.
Gros vers. . .	5,36	977	62,2	62,2
Vers moyens .	4,73	888	54,0	56,3
Vers petits. . .	3,70	838	52,0	53,3

Le résultat de ce tableau est intéressant. Nous voyons, en effet, que la *ténacité calculée* se rapproche tellement de la *ténacité réelle* ou déterminée par l'expérience, que nous pouvons nous féliciter d'avoir à notre disposition des instruments qui permettent d'arriver à une appréciation aussi exacte.

La règle générale se trouve donc ainsi formulée : les soies des différentes races offrent, en général, une ténacité proportionnelle à leur titre.

Il convient maintenant d'examiner si cette règle subit des exceptions qui constitueraient pour certaines races une supériorité ou une infériorité marquées, quant à la ténacité de leurs soies. Pour éviter toute cause d'erreur, nous ne devrons comprendre, dans la comparaison qui va nous occuper, que les races élevées dans la même année et sous les mêmes influences de régime.

La ténacité a été calculée sur le titre moyen et la ténacité moyenne. Pour éviter la répétition d'un tableau j'ai compris la ductilité dans celui-ci.

(Voir le tableau.)

TABLEAU N° 19.

RACES DE 1840.	TITRE.	TÉNACITÉ réelle.	TÉNACITÉ calculée.	DIFFÉRENCES.	DUCTILITÉ.
	milligr.	gramm.	gramm.	gramm.	millim.
Fossombrone jaune	1115	59,2	64,6	5,4	157
Giali.	1110	56,0	64,3	8,3	152
Loudun.	1090	55,4	63,2	8,8	134
Pesaro	1085	59,0	63,0	+ 4,0	97
Dandolo.	1080	65,2	62,6	— 2,6	165
Nanchino. . . .	940	56,9	54,5	— 2,4	149
Joyeuse..	916	56,4	53,1	— 3,3	133
Loriol.	903	51,7	52,3	0,6	157
Fossombrone blanc	882	49,2	51,1	+ 1,9	149
Saint-Jean. . . .	860	55,9	49,8	— 6,1	179
Annonay. . . .	857	50,7	49,6	— 1,1	131
Lamastre.	845	47,0	49,0	+ 2,0	149
Aubenas	835	57,4	48,4	— 9,0	147
Trevoltini.	820	49,0	47,5	— 2,5	141
Espagnol. de Tours	670	41,0	38,8	— 2,2	153
Trois mues. . . .	615	39,2	35,6	3,6	152
Moyennes. . .	914	53,0	57,8	+ 4,5	146

Ce tableau nous fait voir que le plus grand nombre des soies expérimentées ont bien réellement la ténacité normale indiquée par la moyenne générale. En effet, des différences de 1, 2 et 3 grammes sur 60, 50 et même 35 grammes de poids porté peuvent être raisonnablement attribuées à l'imperfection des procédés ou au peu d'uniformité de la matière elle-même.

Mais cependant on sera frappé d'une certaine progression qui se fait voir dans ces différences : les quatre plus grosses soies, en effet, présentent des ténacités réelles très-sensiblement inférieures à la ténacité calculée ; les sept soies les plus fines, au contraire, à une exception près, ont une ténacité réelle supérieure à la ténacité calculée.

Il nous sera facile de nous rendre compte de cette double circonstance en nous reportant au *Mémoire sur les propriétés générales de la soie :* nous y verrons (page 95) que, tout étant égal d'ailleurs, la ténacité de la soie croît avec le volume ou titre, mais par *différences décroissantes* ; en d'autres termes, tout étant égal d'ailleurs, la soie la plus fine est *proportionnellement* la plus forte ou la plus tenace (1).

Ceci étant bien démontré, les soies les plus grosses du tableau devaient offrir une ténacité inférieure à la ténacité calculée; les soies fines devaient présenter une ténacité supérieure : c'est, en effet, ce que nous avons trouvé.

Si nous cherchons maintenant des différences qu'on puisse attribuer à une race qui aurait la propriété de donner de la soie d'une ténacité supérieure, nous n'en trouvons que deux dans le tableau : celle de 6 grammes offerte par la race de Saint-Jean du Gard, et celle de 9 grammes dans la race d'Aubenas. Ces deux localités étant très-voisines, il y aura lieu d'examiner si les soies qui en proviennent ont réellement plus de force que les autres; cet examen viendra plus tard.

Pour le moment, il ne me paraît guère possible d'établir que certaines races aient la faculté de donner une soie plus forte que celle des autres, à volume ou titre égal.

---

(1) En effet, que les fils soient fins ou gros, ils présentent les mêmes chances de rupture ou le même nombre de points faibles ; du moins, on ne voit aucune raison pour qu'il en soit autrement. Dès lors le fil gros doit se rompre *proportionnellement* plutôt que le fil fin : pour qu'il en fût autrement, il faudrait que le nombre de points faibles diminuât dans les fils gros en proportion de leur augmentation de volume. (Deuxième mémoire sur la production de la soie, page 96.)

§ 5.

INFLUENCE DES RACES SUR LA DUCTILITÉ.

On peut en dire autant de la ductilité des soies. A l'exception de la race de Pesaro, dont la soie offre un allongement anormal, toutes les autres présentent des différences trop peu importantes pour être attribuées à la nature même des races. En effet, les chiffres se renferment dans les limites de 13 à 15 pour 100 d'allongement, et ceux de 16,5 et 17,9 peuvent n'être qu'accidentels. Il en est de même du chiffre 9,7 de la race de Pesaro. Dans d'autres expériences cette race a offert un allongement proportionnel à son titre.

Il est essentiel de ne pas oublier qu'il s'agit seulement ici d'apprécier l'influence des races, tout étant égal d'ailleurs, climat, alimentation, procédés d'éducation et de filature. Nous arriverons peut-être à des résultats tout différents lorsque nous ferons varier ces puissantes influences.

§ 6.

INFLUENCE DE LA COULEUR.

On a souvent agité la question de savoir si les cocons colorés donnaient une soie différente de celle des cocons blancs, quant au titre, à la ténacité et à la ductilité de la soie.

Dans les tableaux que je viens de faire passer sous les yeux du lecteur, je n'ai tenu aucun compte de la couleur des cocons. Il est facile de prendre la moyenne des races jaunes et celle des races blanches; malheureusement ces dernières ne sont qu'au nombre de 5, tandis qu'il y a 21 races jaunes : voyons cependant ce qui résultera de cette comparaison.

TABLEAU N° 20.

RACES.	POIDS moyen des vers.	VOLUME des cocons.	TITRE de la soie.	TÉNACITÉ ou poids porté.	DUCTILITÉ ou allongement.
Jaunes.	4,47	21,09	917	57,0	160
Blanches.	4,00	21,39	827	56,0	160

Si ce tableau pouvait être accepté comme base d'une comparaison définitive entre les races blanches et les races jaunes, nous pourrions en tirer les conclusions suivantes :

1° Les races blanches donnent des vers plus petits que ceux des races jaunes.

2° A grosseur égale de vers, les cocons blancs sont un peu plus volumineux et, par conséquent, formés d'une couche soyeuse moins épaisse

3° Le titre des soies est exactement le même dans les races jaunes et blanches, les vers étant du même poids. En effet, les vers jaunes du poids de 4,47 ayant donné un titre de 917, les vers blancs du poids de 4,00 devaient donner le titre 820: ils donnent 827 ; il est impossible d'offrir un résultat plus concluant.

4° Les races blanches paraissent donner une soie supérieure en ténacité à celle des races jaunes. En effet, le titre 917 des soies jaunes ayant porté un poids de 57 grammes, le titre 827 des soies blanches ne devrait porter que 51 gr. 4 : il a supporté 56 grammes; différence en plus, 4 grammes 6. Mais je ne pense pas que ce résultat puisse être, *quant à présent,* considéré comme définitif, parce que le nombre des échantillons comparés ne me paraît pas assez considérable.

3° La ductilité des soies blanches semble aussi plus grande que celle des soies jaunes.

Lorsque je comparerai entre eux les 400 échantillons de soie provenant de divers lieux, je reviendrai sur cette question, et nous pourrons alors nous assurer si les soies blanches ont réellement un avantage sur les soies jaunes.

§ 7.

INFLUENCE DU GRAIN DES COCONS.

On sait quelle importance attachent les filateurs au *grain* des cocons : ils désignent ainsi la contexture plus ou moins serrée de la couche soyeuse. Les cocons dont le tissu est fin et ferme sont de beaucoup préférés a ceux qui sont composés d'une étoffe cotonneuse et lâche.

On ne saurait révoquer en doute les avantages d'un *beau grain*, quant au déchet que font les cocons à la filature ; mais on croit assez généralement que les cocons à *grain fin* donnent une soie plus fine que celle des cocons plus ou moins satinés. Ceci est une erreur : la finesse du grain n'indique nullement un titre plus fin. J'ai dans ma collection les cocons du plus beau grain qui existe ; ils proviennent des ateliers de M. d'Arbalestier. Ces cocons, filés à 6 brins, comme les races qui font le sujet de ce mémoire, ont donné le titre de 960 : c'est un titre très-fort.

Il me serait facile de multiplier ces exemples : j'en conclus que la finesse du grain n'a aucun rapport avec le titre de la soie.

CONCLUSIONS.

1° Les races de vers à soie diffèrent beaucoup entre elles par le poids des vers.

Le poids moyen des plus fortes races est de 6 grammes 66 centigrammes : le poids moyen des plus petites est de 2 grammes 56 centigrammes.

2° Pendant la formation des cocons, les vers à soie éprouvent une perte de poids considérable : elle est, en moyenne, de 58,2 pour 100 du poids que les vers avaient au moment de la montée.

3° Cette réduction n'est que de 46 pour 100 dans la race de Touraine ; elle est de 69 pour 100 dans la race de la Brianza. Les autres races présentent des réductions moyennes entre ces deux extrêmes.

4° Il en résulte qu'à poids égal de vers *mûrs*, des races peuvent donner 54 de cocons et d'autres 31 seulement.

5° Les réductions éprouvées par les vers ne sont pas les mêmes chaque année ; l'époque de l'éducation et les circonstances météorologiques influent sur cette réduction.

6° La réduction est d'autant plus considérable que l'éducation est plus précoce et la feuille plus aqueuse.

Elle est moins considérable quand l'année est sèche et l'éducation tardive.

7° L'emploi de la feuille mouillée augmente sensiblement la réduction dont les vers sont susceptibles pendant la formation des cocons.

8° Cette réduction, cependant, n'est pas proportionnelle à l'augmentation de poids qu'on remarque dans les vers ; en sorte qu'on est en droit d'en conclure que l'emploi de la feuille mouillée favorise dans les larves le développement des matériaux qui composent le cocon.

En effet, les vers nourris à la feuille mouillée donnent, à poids égal de vers, 10 pour 100 de plus en cocons que les vers nourris avec la feuille sèche.

9° Les vers des plus grosses races ne perdent pas plus, proportionnellement, que ceux des petites races, et *vice versâ*.

10° Il paraîtrait résulter de quelques rapprochements, que les races nouvellement importées d'un pays plus chaud dans un climat tempéré éprouvent une plus forte réduction que celle éprouvée par les races acclimatées.

11° En appréciant l'épaisseur de la couche soyeuse dont est formé le cocon, on trouve que dans certaines races cette épaisseur est deux fois plus grande que dans d'autres races.

12° Le volume des cocons est, *en général*, proportionnel au volume des vers qui les ont formés; mais il y a de nombreuses exceptions. Quelquefois de très-gros vers forment de petits cocons.

13° Il en résulte que les petits cocons sont quelquefois les plus épais.

14° La proportion de la soie dans les cocons influe aussi beaucoup sur l'épaisseur de la couche soyeuse: en général, les cocons les plus riches sont les plus épais.

15° La proportion de la soie dans les cocons frais des diverses races varie de 10 à 18 pour 100.

16° Ces proportions de soie sont à peu près constantes dans les races.

17° La nature de l'arbre ne les altère pas.

18° L'alimentation plus ou moins humide ne les affecte qu'en apparence.

19° L'influence de l'année plus ou moins sèche est peu sensible.

20° Les races fortes, ou à gros vers, paraissent un peu plus riches en soie que les races faibles.

21° Le procédé qui consiste à mouiller la feuille qu'on donne aux vers augmente dans une forte proportion le produit en poids des vers et des cocons.

La feuille sèche a donné par kilog. 95 à 99 grammes de vers mûrs et 44 à 45 grammes de cocons frais.

La feuille mouillée (1) a donné par kilog. 144 grammes de vers mûrs et 60 grammes de cocons frais.

22° Dans une même race le volume des cocons est, en général, proportionnel à leur poids.

23° Dans une même race la proportion de la soie varie considérablement dans les cocons pris isolément. On trouve les extrêmes de 9.36 et 19,86. — 12,09 et 28,80 pour 100.

24° Les différences, qui dépassent la proportion du simple au double, dépendent, entre autres causes, de la différence des sexes. Les cocons mâles contiennent plus de soie que les cocons femelles.

Cependant, comme les cocons les plus lourds sont aussi ceux qui contiennent le plus de soie *en poids absolu*, il en résulte qu'*à poids égal* les cocons femelles donnent moins de soie que les cocons mâles; mais, *à nombre égal*, ils ont l'avantage sur ces derniers.

25° Les races blanches et les races jaunes prises dans leur ensemble paraissent contenir les mêmes proportions de matière soyeuse.

26° Il résulte, des observations recueillies jusqu'à ce moment, que les cocons du Midi sont moins riches en soie que ceux du centre de la France.

27° Il reste à déterminer par l'expérience dans quelle proportion les diverses races consomment la feuille de mûrier.

28° Quelques races paraissent plus sujettes que d'autres à la jaunisse et à la maladie des morts-flats; on ignore si la muscardine sévit plus souvent sur certaines races que sur d'autres.

29° Le titre de la soie diminue avec les poids des vers qui ont formé les cocons, mais pas proportionnellement à ces poids.

(1) On a ajouté 20 pour 100 d'eau de rivière à la feuille, en sorte que 100 kilogrammes pesaient 120 kilogrammes au moment du repas.

30° Les gros vers donnent une soie proportionnellement plus fine que la moyenne ne l'indique et les petits vers une soie proportionnellement plus grosse.

31° Le titre de la soie est à peu près constant dans les races.

32° Une augmentation assez considérable dans le poids des vers d'une race est nécessaire pour altérer le titre de la soie.

33° En général, les gros cocons sont formés de la soie la plus grosse ; mais les petits cocons contiennent, en général aussi, une soie moins fine que ne paraît l'annoncer leur volume.

34° Les soies des différentes races offrent, en général, une ténacité proportionnelle à leur titre.

Pour le moment, il ne paraît pas possible d'établir que certaines races aient la faculté de donner une soie plus forte que celle des autres races, à volume ou titre égal.

35° Il en est de même de la ductilité.

36° Il est difficile, quant à présent, de bien déterminer si les races blanches sont inférieures ou supérieures aux races jaunes quant aux propriétés de la soie.

37° Le *grain* des cocons et le *titre* de la soie sont des qualités indépendantes l'une de l'autre. La finesse du grain n'indique nullement la finesse de la soie.

NOTE ADDITIONNELLE.

La lecture de ce mémoire a donné lieu à quelques observations ; je crois devoir les reproduire ici, avec les réponses.

On a dit qu'il ne suffisait pas de connaître la ténacité et l'élasticité des soies pour avoir une idée complète de leur qualité, mais qu'il fallait, en outre, déterminer la perte qu'elles font à *la cuite* et les soumettre à l'épreuve de *la teinture*.

Quant au premier objet, on trouvera, p. 166 de mon *Mémoire sur la filature* (1839), un *bulletin de conditionnement*, tel que je pense qu'il devrait être fait pour donner une idée complète de la qualité d'une soie. La septième colonne de ce bulletin est intitulée, *Perte par cent à la cuite*. Je donne à la suite le procédé fort simple au moyen duquel on peut déterminer la perte qu'éprouveront les soies pendant l'opération de la cuisson.

Page 55 du même ouvrage, on lit ce qui suit : « Il est évi-
« dent que les proportions de gluten (gomme, vernis, enduit,
« grès) sont variables, et qu'il serait d'un grand intérêt, pour
« le commerce, de les connaître, puisqu'elles peuvent causer
« des variations de 5 et 1/2 pour 100 dans la cuisson des
« soies.

« Le petit nombre d'essais que j'ai pu faire ne me permet
« pas d'apprécier, quant à présent, l'influence, sur la pro-
« portion de gluten, de la race des vers, du régime, du
« climat et des procédés, etc. »

Maintenant (1845) que j'ai réuni tous les éléments de cette expérience intéressante, je la ferai et j'en rendrai compte ; pour le moment, je n'ai voulu démontrer qu'une seule chose, savoir que cette importante question ne m'avait pas échappé. Voir aussi page 181 du 5e volume du *Propagateur*, 1842.

Quant à l'épreuve de la teinture, voici ce qu'on lit page 115 du mémoire déjà cité : « Resterait à déterminer si, dans les « opérations subséquentes de l'ouvraison, de la cuite, de la « teinture et du tissage, la soie qui aurait reçu la croisade « simple seulement aurait les mêmes avantages que la soie « filée à la double croisade. »

Je cite ce passage uniquement pour prouver que je n'ignore pas les conditions des épreuves multipliées que doit subir une soie avant de prendre rang dans le commerce ; ces épreuves sont les suivantes :

1° *Le conditionnement,* pour déterminer les proportions d'eau qu'elle contient : la tolérance est de 10 pour 100 ;

2° *Le titrage*, qui fixe sur deux points importants : le volume du fil, appelé *titre* dans le commerce ; l'égalité de volume, soit dans le fil composant un même écheveau, soit dans plusieurs écheveaux pris au hasard ;

3° *Le dévidage*, première opération de l'ouvraison. Il apprend la proportion du déchet que fera la soie ; il permet de juger sa netteté, qui peut être altérée par des bouchons, du duvet ou des boucles. Au dévidage, on enlève les *mariages,* les *finesses* et les *grosseurs*. On s'assure enfin si la soie est *à bouts noués* et si les nœuds sont bien faits.

Avant l'introduction du sérimètre dans l'industrie, c'était au dévidage qu'on jugeait la ténacité et l'élasticité de la soie. L'habileté d'une dévideuse expérimentée remplaçait la précision inexorable de la mécanique.

4° *La cuite* venait ensuite. En général, on ne fait pas d'essai de *cuite*. L'usage a fait connaître les soies qui sont les plus propres à ce genre de préparation, et, quant au déchet éprouvé, les fabricants sont à la merci des teinturiers, qui profitent, dit-on, souvent des incertitudes de l'art pour dérober de la soie.

5° *Teinture*. L'usage a fait connaître également les soies

les plus propres à telle ou telle nature de couleur. On ne fait guère d'essais de teinture.

6° Enfin il arrive quelquefois qu'une soie qui a passé avec succès par toutes les préparations préliminaires échoue au *tissage*, soit par défaut de force, d'élasticité, d'égalité dans le volume, de régularité dans la nuance, ou par une nature cotonneuse qui altère la qualité spéciale du tissu auquel on la consacre.

Certes, j'aurais bien voulu pouvoir soumettre à ces épreuves multipliées et *toutes pratiques* les 400 échantillons de soie que j'ai étudiés, provenant de diverses races ou produits à l'aide des procédés variés que j'ai expérimentés ; mais il est facile de comprendre qu'une tâche pareille est au-dessus des forces et des ressources d'un expérimentateur isolé : un grand établissement public doté par l'administration pourrait seul y suffire.

J'ai donc dû me borner aux essais suivants : le conditionnement, le titrage, le dévidage, la détermination de la ténacité et de l'extensibilité, la cuite.

Le jour même où je communiquais mon travail à la Société, je recevais de M. Menet, d'Annonay, un des premiers filateurs de France, une lettre dans laquelle on remarque le passage suivant :

« Je tiens beaucoup certainement à la régularité dans le « titre d'une soie; mais je vous avoue franchement que cette « qualité, dont je n'atténue pas l'importance, est pour moi « un peu en second ordre. L'absence du *duvet*, des *bouchons*, « la *bonne construction*, la *ténacité* et *l'élasticité* sont des « qualités beaucoup plus essentielles et auxquelles on doit « s'attacher le plus, car avec des soies qui auront ces quali- « tés on fera de beaux satins et de belles peluches, bien « qu'elles manquent un peu de régularité, tandis qu'avec une « soie qui ne les aura pas on fera du très-laid, malgré une « régularité parfaite. Tout en m'attachant aussi à la régula- « rité, je voudrais surtout trouver le moyen d'éviter le duvet « et les bouchons, et de donner à ma soie encore plus de

« *ténacité* et *d'élasticité*; c'est à ces qualités surtout que
« doivent tendre, je crois, tous les efforts du filateur : trouver
« le moyen certain d'y parvenir avec toute espèce de cocons
« est le problème à résoudre, et je crois que c'est un homme
« tel que vous qui y est appelé, etc. »

M. Menet a un sérimètre auquel il soumet tous les produits de son magnifique établissement.

Ce jugement, porté par un homme si compétent, prouve suffisamment, je crois, que je n'ai pas fait fausse route en m'attachant à étudier spécialement le titre, la ténacité et l'élasticité des soies.

On m'a objecté, à la vérité, que les résultats que j'obtiens avec le sérimètre ne sont peut-être pas d'une exactitude rigoureuse, et qu'il aurait fallu, pour qu'il en fût ainsi, tenir compte surtout des proportions d'eau contenues dans la soie au moment des épreuves. Je répondrai encore à cette objection par des passages de mes mémoires précédents.

Dans mon mémoire de 1839 on trouve les chapitres suivants : Propriétés hygrométriques de la soie. De la quantité d'eau que la soie peut contenir. Hygrométrie de la soie cuite, etc.

On y lit aussi les propositions suivantes :

20° L'humidité augmente la ductilité de la soie.

23° L'humidité diminue sensiblement la ténacité de la soie.

Ces propositions sont le résultat de tableaux contenant de nombreux résultats.

Dans mon mémoire de 1844, on lit ce qui suit :

« Ces précautions ne suffisaient pas pour donner satisfac-
« tion entière dans des recherches qui devaient avoir un ca-
« ractère scientifique, il fallait encore que toutes les expé-
« riences fussent faites dans des conditions égales de tempé-
« rature et d'humidité ; j'ai rempli cette obligation autant
« qu'il m'a été possible.

« Toutes les épreuves ont été faites dans la même pièce, le
« sérimètre étant resté à la même place. La température a été

« sensiblement pareille pendant toutes les expériences ; le de« gré d'humidité de l'air, déterminé avec un excellent hygro« mètre de Saussure, a été noté chaque jour, et j'ai renoncé « aux essais toutes les fois qu'il ne s'est pas trouvé sensible« ment égal à celui que j'avais observé lors des premières « épreuves.

« Celles-ci avaient été faites pendant les beaux jours qu'on « a généralement à Paris, à la fin de mars ou au commence« ment d'avril ; j'ai choisi la même époque tous les ans, pour « expérimenter les soies qui avaient été rassemblées dans le « cours de l'année précédente ; j'ai ajouté ainsi une nouvelle « garantie à mes résultats : tous les échantillons avaient le « même âge, si je puis m'exprimer ainsi, au moment de « leur examen. »

Je conviens, maintenant, qu'on aurait pu pousser, plus loin que je ne l'ai fait, l'appréciation de certaines circonstances capables d'influer sur les résultats, *mais à condition de ne faire qu'un petit nombre d'essais*. Avec 33 races et plus de 400 échantillons provenant de plus de 50 lieux différents, il fallait se contenter de la nature des résultats que j'ai obtenus ou renoncer au travail ; j'espère prouver qu'il n'a pas été inutile de l'entreprendre et qu'il sera fécond en applications pratiques, but principal de mes efforts et de mes sacrifices.

FIN.

TABLE DES MATIÈRES.

Extrait des *Mémoires de la Société royale et centrale d'agriculture*. — Année 1844.

Imprimerie de Mme Ve BOUCHARD-HUZARD, rue de l'Éperon, 7.

www.ingramcontent.com/pod-product-compliance
Lightning Source LLC
LaVergne TN
LVHW020038170826
845678LV00001B/319

* 9 7 8 2 3 2 9 6 9 1 9 7 8 *